A TRAVERS LES FLEURS

SIMPLE HISTOIRE

PAR

Mme HUGUETTE

(Mme J. B.)

TOURS

ALFRED CATTIER

ÉDITEUR

A TRAVERS LES FLEURS

SIMPLE HISTOIRE

LA CAMPAGNE

A TRAVERS LES FLEURS

SIMPLE HISTOIRE

PAR

Mme HUGUETTE

(Mme J. B.)

TOURS

ALFRED CATTIER, ÉDITEUR

—

1889

Chers Amis,

On m'a demandé d'écrire un livre qui pût, tout à la fois, vous intéresser et vous instruire; j'ai essayé d'y réussir.

La simple histoire que je raconte aura, j'espère, votre sympathie; le peu de science que j'y mêle ne pourra vous fatiguer et vous aidera à comprendre, plus tard, des enseignements moins faciles.

Toute étude a du charme pour les intelligences exercées. Celle de la botanique n'offre-t-elle pas un attrait tout spécial, par le gracieux sujet dont elle s'occupe?

Si vous trouvez le livre trop peu sérieux, à cause du cadre dans lequel l'enseignement y est placé, lisez les pages savantes, et tournez les autres.

Si, au contraire, il vous parait maintenant trop grave, lisez la simple histoire et ne regardez pas les fleurs dont il est question.

Tout en s'enchaînant dans les pages du livre, les deux parties sont absolument distinctes.

Mais plutôt, profitez de vos vacances pour lire sérieusement tout votre livre.

Si certains détails vous offrent quelque difficulté, cherchez la plante dont ils traitent; suivez de visu, c'est-à-dire de vos yeux, tout ce qu'on en dit; bientôt vous trouverez un vrai plaisir à ce facile travail.

Vous admirerez les merveilleuses industries que Dieu emploie pour fournir à chaque fleur les moyens de vivre et de se propager.

Vous vous souviendrez de ces paroles de l'Evangile :

« Si votre Père céleste prend de tels soins pour l'herbe des champs qui est aujourd'hui, et demain ne sera plus, que fera-t-il pour vous qui le louerez éternellement ? »

L'étude des fleurs doit conduire à Celui qui les a créées, comme il a créé toutes choses, pour nous élever à lui dans des sentiments d'admiration et de reconnaissance.

« Les cieux racontent la gloire de Dieu, et la terre nous enseigne à le louer en toutes les œuvres de ses mains. »

A TRAVERS LES FLEURS

SIMPLE HISTOIRE

I

LA PAUVRE AVEUGLE

Le vieux docteur Gallien n'était pas riche, et il faisait beaucoup de bien dans sa petite bourgade. On peut aider avec son cœur, même sans aider avec sa bourse.

Il était grand-père. Henri et Madeleine étaient toute sa famille.

Comme ils s'aimaient, le frère et la sœur! Henri protégeait Madeleine; Madeleine admirait Henri en tout ce qu'il disait, savait ou voulait.

Mais ils se voyaient peu, et certaines personnes malignes pourraient supposer que c'est peut-être une des raisons pour lesquelles ils s'entendaient si bien.

Henri suivait des cours de médecine à Rennes; Madeleine habitait, avec son grand-père, le petit bourg de X., non loin de la grande ville. Quel bonheur lorsqu'un jour de vacances les réunissait!

— Père, disait un soir Madeleine, avez-vous des malades sur la route de notre étudiant? j'irais à sa rencontre avec vous.

Il y avait, en effet, au bout d'un petit chemin, une pauvre femme que le docteur visitait souvent, non pas qu'il pût la guérir, mais il lui enseignait à bien vouloir ne pas être guérie.

Le lendemain donc, le vieillard et la jeune fille suivaient la grand'route poudreuse, puis ils tournèrent à droite pour entrer dans le petit chemin creux.

Les voilà tout près de la pauvre cabane; une vieille femme est assise devant la porte, un jeune homme lui fait vis-à-vis, tournant le dos au chemin, et bientôt on peut distinguer qu'il lit pour elle des pages où il est question des prodiges de Lourdes.

Madeleine fit à son grand-père un signe pour lui demander de ne pas faire de bruit; puis elle s'avança sur la pointe du pied jusqu'à poser ses deux mains sur les épaules du lecteur.

La pauvre femme ne la vit pas; elle était aveugle.

— Tu es bon, mon frère, dit-elle avec enthousiasme.

— Bien, mon fils, dit seulement le docteur, en tendant la main au jeune homme.

— Oh ! dit celui-ci, j'apportais à Nanon la nouvelle que le comité l'admet, à votre demande, au prochain pèlerinage de Lourdes. J'aurais dû vous laisser le plaisir de l'apprendre à votre malade, mais je n'y pense qu'en vous voyant.

Le grand-père sourit, approuvant l'empressement du jeune homme.

Ils revinrent tous trois contents les uns des autres; la soirée se termina sous les vieux arbres du grand jardin.

II

LA PETITE FILLE

Henri avait beaucoup à étudier pour ses examens; il y employa toute la matinée, pendant que Madeleine écrivait les comptes du ménage et les notes du linge, que sais-je? Elle travaillait toujours.

Mais un médecin ne s'appartient pas. Dans l'après-midi il fut demandé pour un malade qui demeurait au bout du bois, et ses petits-enfants firent le soir leur promenade de ce côté-là, pour aller à sa rencontre.

La femme aveugle était encore assise près de sa porte; elle appela Nanette pour dire bonjour aux enfants du docteur.

Nanette ne vint pas vite, et elle se montra les yeux rouges, bien rouges, les essuyant avec son tablier, qui les ombrait en couleur de terre. Heureusement la vieille Nanon ne voyait rien de tout cela ; il serait à souhaiter parfois d'être aveugle pour ne pas deviner sur leur visage le chagrin des siens, à moins cependant qu'on ne puisse les consoler.

Le jeune homme et l'aveugle parlèrent de Lourdes, les jeunes filles s'écartèrent du côté des noisetiers du chemin, et elles s'entretenaient tout bas.

— Je demanderai à grand-père, disait Madeleine avec bonté ; ne t'afflige pas, Annette. J'espère que Sylvaine voudra bien aussi. (Sylvaine, c'était la vieille servante du vieux docteur.)

— Que lui promets-tu donc? demanda Henri lorsqu'il rejoignit sa sœur.

— Elle a tant de chagrin! répondit Madeleine. Nous ne pourrons la laisser ici toute seule en l'absence de sa grand'mère.

— Ce n'est pas d'être toute seule, interrompit Annette. J'irais bien chez marraine au bourg. Mais, pensez donc. C'est grand'-mère qui sera toute seule pour s'habiller, pour manger, pour aller dire ses prières et se laver les yeux à l'eau qui guérit.

— Alors tu voudrais aller à Lourdes avec ta grand'mère? dit Henri.

— Je sais bien que je ne peux pas, répondit l'enfant; mais je pleure tout de même sans le vouloir.

Ils la quittèrent après de bonnes paroles pour la raisonner; puis ils se disaient en revenant : Si nous étions riches !

L'argent ne donne pas le bonheur, assurément; je crois même qu'il y nuit souvent. Mais ceux qui savent bien l'employer peuvent faire des heureux, au moins pour quelques jours.

Tout en cheminant à côté de sa sœur, Henri regardait les herbes et les fleurs qui se montraient entre les buissons des deux haies, le long du chemin étroit. Il en cueillait quelques-unes pour les faire admirer à Madeleine, qui savait parfois les nommer. Il s'écria tout à coup : — La voilà enfin, je ne l'avais vue que dans l'herbier de grand-père.

Le docteur les rejoignait. — C'est bien le dipsacus, dit-il.

— L'abreuvoir des petits oiseaux, reprit Madeleine.

Le bon docteur dit là-dessus des détails pleins de sagesse autant que de science, et de faits en faits, il parcourut avec son petit-fils beaucoup de chemin dans le monde des plantes.

III

L'HERBIER DU GRAND-PÈRE

Sylvaine les attendait en mettant le couvert, inquiète du retard, qui était pourtant bien ordinaire au docteur, mais très inaccoutumé pour Madeleine.

— Oh ! ma bonne fait mon ouvrage, dit la jeune fille, qui continuait ce nom d'amitié à la nourrice de sa mère. C'est que, vois-tu, bonne, la pauvre Annette avait tant de chagrin, nous ne pouvions la consoler.

— Tout le monde a du chagrin, répondit Sylvaine ; croyez-vous que je n'en ai pas eu dans ma vie ?

Madeleine pensa que le rôti était sans doute *dépassé de cuire*, comme disait Sylvaine, puisque le ton était si peu compatissant. Elle remit donc à plus tard sa requête de recevoir Annette pendant le pèlerinage de la grand'mère. Mais elle acheva de dresser le modeste couvert, et bientôt le souper commença.

Comme suite à la conversation du chemin, on parla de l'herbier du grand-père : Henri en apporta quelques fascicules, et le docteur prit plaisir à les feuilleter, relisant avec intérêt ou émotion certaines dates, certaines indications écrites sous le nom de quelques fleurs et lui rappelant telle promenade, tel ami qui avait donné la fleur ou partagé le plaisir de l'excursion, d'où ils l'avaient rapportée ensemble.

— Si je n'avais pas eu l'herbier de grand-père, dit le jeune homme, j'en aurais commencé un l'année dernière. Mais, du reste, il faut beaucoup de temps pour dessécher, étiqueter, classer.

— Je t'aurais aidé, dit Madeleine, allant de la petite salle à manger à la cuisine, pour enlever le couvert, pendant que Sylvaine dînait à son tour.

— C'est moi qui ai fait celui de Monsieur, dit Sylvaine avec importance : ses fleurs auraient bien moisi dans les papiers, si je ne les avais pas changées sans qu'il s'en aperçoive.

Le docteur entendit et ne sourit pas.

— Mon ami Pierre aurait bien besoin d'une bonne aussi obligeante, répondit Henri ; faute de l'avoir pour l'aider, il veut se faire faire un herbier, qu'on va lui vendre 40 francs.

— Juste ce qu'il faudrait à Annette pour faire son voyage, remarqua Madeleine.

— Une idée ! dit Henri.

— Ah ! je la devine, interrompit sa sœur : faisons l'herbier de ton ami, Annette le lui vendra.

— Mais, objecta le docteur, il a peut-être déjà acheté le sien.

— Non, père, il cherche par qui le faire faire. Tout le monde ne sait pas cueillir et classer les plantes.

— Alors, reprit la jeune fille, à nous trois. Henri cueillera, père nommera, et moi j'écrirai les étiquettes.

— A nous quatre, vint à dire Sylvaine, tout en remettant sa vaisselle sur le bahut d'autrefois.

Je montrerai à mademoiselle à déchiffonner les feuilles et à mettre du coton dans les fleurs, continua-t-elle en se rapprochant de la table.

— Merci, bonne, dit Madeleine; je t'aurais demandé à mettre un lit dans ta chambre pendant le voyage de Nanon, si grand-père l'avait permis.

— Pour cela, c'est non, répliqua nettement la vieille bonne. Je veux rester la maîtresse chez moi.

Personne ne contesta.

Ne valait-il pas mieux s'entendre au sujet de l'herbier ?

IV

LES GRANDES RACES

— Par où commencerons-nous ? demandait Madeleine à son frère.

— Par te tracer un peu de besogne, répondit le grand-père. Il ne faut pas que tu perdes ton temps à écrire sans rien comprendre.

— Ainsi vous voulez bien m'enseigner la botanique ? continua-t-elle.

— Pas précisément, dit le frère déposant sur la table deux gros volumes. La botanique savante non ; les éléments de la classification, oui, n'est-ce pas, père ? Et c'est le plus intéressant... pour toi.

Les jeunes gens sont toujours disposés à tenir leurs sœurs dans une catégorie d'intelligence distincte de la leur. Elles doivent les en remercier ; c'est qu'ils n'aimeraient pas à les voir perdre dans des études savantes le charme de leur esprit facile, de leurs attentions complaisantes.

— Par où commencerons-nous? répéta la jeune fille.

Et se penchant vers la table, elle lut sur un des gros volumes *Acotylédonées.*

— Traduisons sans cotylédons, sans écuelle ou réservoir, dit son frère; car cotylédon veut dire écuelle, réservoir, et *a* est un privatif grec.

— Je comprends. Mais montre-moi cela sur une fleur, reprit Madeleine.

— Il ne s'agit pas de fleurs en ceci, intervint le docteur. C'est dans la graine que sont les cotylédons.

— Alors, cherchons dans la graine, proposa la jeune fille, s'approchant d'une élégante fougère placée dans une corbeille au milieu d'une mousse fraîchement cueillie.

Et elle releva une des *feuilles* de la fougère pour faire voir des sortes de plaques jaunâtres qui s'y montraient en dessous.

— Ce ne sont pas des graines, dirent ensemble les deux professeurs; les grains de poussière dont se composent ces plaques jaunes reproduisent bien la plante, comme les graines reproduisent nos blés et nos fleurs, mais ils ne sont pas nés d'une fleur et ne sont pas constitués comme une graine, avec son germe, et un cotylédon ou deux cotylédons.

— Où donc chercher? dit Madeleine; je voudrais voir pour comprendre.

— Attends, répondit son frère, je vais te chercher un grain de blé, un pois, un haricot.

Mais le docteur avait ouvert le fascicule de l'herbier intitulé *Monocotylédonées* (à un seul cotylédon).

Un grain de maïs s'y trouvait, ayant déjà poussé sa première petite feuille.

— Vois, dit-il. Le germe qui était dans cette graine de maïs, s'est nourri de la fécule que contient le cotylédon, et il a pu se développer en cette feuille, qui est le commencement d'une plante nouvelle.

— Le cotylédon c'est le grain de maïs alors, demanda la jeune fille.

— Non, c'est la portion de la graine où sont en réserve les sucs qui alimenteront le germe pour ses premiers développements, reprit son père.

Ouvrant ensuite le troisième fascicule, dont le titre était *Dicotylédonées*, on y trouva un gland de chêne portant une petite tige pourvue de deux feuilles, une de chaque côté, et continuée dans sa partie inférieure en une menue racine allongée en fuseau.

L'écorce du gland s'était déchirée dans le travail de la germination, et ses deux moitiés s'étaient en partie séparées l'une de l'autre, laissant voir comment la jeune plante tenait à l'une et à l'autre.

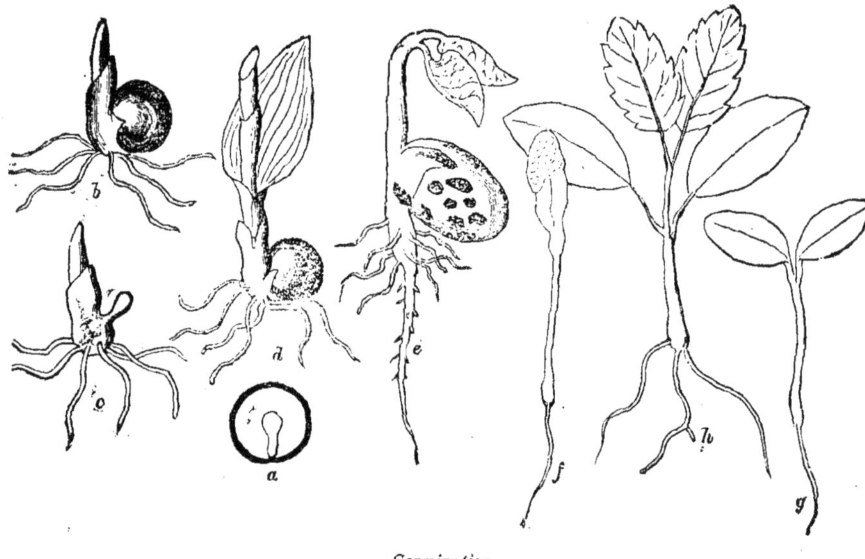

Germination

— On dirait deux graines, dit Madeleine.

— S'il y avait deux graines, répondit son frère, elles auraient chacune son germe et produiraient chacune un chêne. Les deux moitiés du gland sont ses deux cotylédons, deux réservoirs pour la nourriture d'un seul germe.

— Remarque, reprit le père, que le maïs n'ayant qu'un seul cotylédon lève avec une seule feuille ; et le chêne qui a deux cotylédons lève avec deux feuilles, placées aux deux côtés d'une petite tige.

— Redisons, s'il vous plaît, demanda Madeleine :

1º Les fougères n'ont pas de graines ;

2º Le maïs et le chêne ont des graines ; mais celles du maïs sont d'une seule pièce que vous appelez un cotylédon, et celles du chêne ont deux pièces, qui sont aussi des cotylédons.

— Tu fais honneur à tes maîtres, prononça Henri emphatiquement.

— Qu'ils aient la bonté de me dire toutes les plantes sans graine, toutes celles à un seul cotylédon, et toutes celles à deux cotylédons, demanda la jeune fille.

— Ce serait te nommer toutes les plantes de la terre, répondit le docteur.

Citons seulement, dans les *acotylédonées*, les fougères, mousses, lichens, algues, champignons, dont nous remettrons l'étude à plus tard.

Pour les deux autres races, tu apprendras bientôt à les distinguer par leur aspect général.

Madeleine allait se récrier. Le grand-père poursuivit :

— Commençons par les monocotylédonées.

Tu as manié plusieurs fois des poireaux pour les mettre dans le pot-au-feu, par exemple ; mais tu n'as pas remarqué que leurs feuilles s'emboîtent à leur base les unes dans les autres, comme plusieurs doigts de gants que tu introduirais l'un dans l'autre, de manière que le plus large en contiendrait un moins large encore, et ainsi de suite.

— Je trouvais que le pied de mes poireaux ressemblait à un rouleau de papier dont les feuilles seraient très serrées et très minces.

— Toutes les monocotylédonées, oignons, blé, maïs, canne à

sucre, s'emboîtent ainsi les unes dans les autres, à leur base, mais dans une *portion* plus ou moins longue, après laquelle elles se déjettent en sortes de lanières, ou feuilles libres.

— Ainsi, *toutes les plantes à feuilles de poireau seront pour le carton des monocotylédonées*, conclut Madeleine.

— La disposition emboîtante, engaînante, n'est pas le seul caractère de ces feuilles, continua le grand-père ; remarquons que leurs fibres (ces sortes de fils qui les parcourent pour en consolider le tissu), vont de la base au sommet de la feuille, presque parallèlement et sans émettre de ramifications entre elles ; au contraire, dans les pois, carottes, blé noir, et toutes les autres dicotylédonées, les feuilles ne s'engaînent pas les unes les autres. En outre, les nervures ou fibres qui parcourent ces feuilles, vont dans tous les sens, avec des ramifications entrecroisées.

— Ainsi que tu peux le voir, ajouta Henri, rapportant de chez Sylvaine des laitues et des choux, pour les faire regarder à sa sœur.

— De plus, les plantes monocotylédonées ne sont ramifiées non plus, ni dans leurs tiges, ni dans leurs racines, reprit le grand-père, tandis que les dicotylédonées ont des ramifications en toutes leurs différentes parties.

Voyez, continua-t-il, la différence d'aspect entre un palmier au stipe nu, et un chêne, un châtaignier, un sapin au tronc chargé de branches dont les rameaux s'entre-croisent en tous sens.

— Monsieur ferait bien mieux de dormir, s'en vint dire Sylvaine. Pour une petite veillée qu'on lui laisse, il n'est pas sûr de sa nuit.

— Bonsoir, ma bonne, répondit Madeleine ; je n'ai plus qu'un mot à dire à grand-père, puis je promets de l'emmener dormir.

— Permettez-moi, continua-t-elle, s'adressant à son grand-père, de serrer l'herbier aux acotylédonées, sans fleurs ni graines. Et dites-moi, je vous prie, si j'aurai bientôt des fleurs à dessécher pour Annette.

— Demain, promirent père et fils.

V

LA GRANDE NOUVELLE

Le lis (famille des liliacées)

— Le lis est la plus belle des fleurs, proclamait Madeleine devant un lis qui s'élevait royalement entre de hautes herbés, dans le jardin de la mère Nanon.

Car le docteur et sa fille étaient venus apprendre à Nanette le moyen qu'ils avaient trouvé pour lui procurer son grand bonheur.

La petite fille avait été si saisie qu'elle n'osait remercier ; c'était à douter qu'elle fût vraiment contente. Souvent la joie étonne plus que la douleur, nous sommes devenus si habitués de la souffrance.

Ils la laissèrent donc se remettre et se réjouir plus à l'aise avec sa grand'mère, tandis qu'ils allaient commencer leur cueillette pour l'herbier promis.

— Oui, répondit le père, le lis est le roi de la race.

— Ah ! devinons de quelle race, reprit Madeleine, cherchant les feuilles pour les étudier.

Son grand-père lui montra celles qui sortaient de la terre et il fut reconnut qu'elles s'emboîtent à leur base, mais moins longuement que celles du poireau.

— Remarque, dit-il, que la plus extérieure est la plus vieille, les autres sont nées en dedans les unes des autres ; toutes les monocotylédonées croissent ainsi de dehors en dedans, d'où on les appelle *endogènes ;* tandis que les dicotylédonées croissent, au contraire, du dedans en *dehors,* d'où on les dit *exogènes.*

— Ainsi le lis est bien une monocotylédonée, reprit Madeleine, sa graine n'a qu'un seul cotylédon, et il lève avec une seule feuille, comme le blé.

— Très bien, dit le docteur : mais dans une race il y a bien des familles ; elles se distinguent dans les plantes par des différences entre les différentes parties de la fleur.

Lis

— Alors, étudions celle de mon beau lis, proposa la jeune fille.

— Précisément, elle est le type dont se rapproche plus ou moins toute la race des monocotylédonées, dit le docteur, effeuillant une à une les six pièces dont l'ensemble forme cette gracieuse coupe allongée que nous nommons la fleur. Et ce faisant, il disait : six pétales, dont trois plus larges et trois plus étroits. Puis, il détacha les six petites baguettes à tête jaune, qui sont les étamines, et il ne resta du beau lis blanc qu'une petite colonne à trois faces, surmontée d'une grêle baguette portant à son sommet un petit chapeau à trois cornes.

— Ceci est le style, continua-t-il, en détachant de sa base la petite baguette centrale. Et il ajouta, comme entre parenthèses : parce qu'il rappelle par sa forme le stylet avec lequel les anciens écrivaient sur des tablettes enduites de cire.

— La petite colonne sur laquelle est planté le style, continua-t-il, c'est l'ovaire ou boîte aux ovules, aux œufs, aux graines, dont naîtront d'autres plantes, comme tes serins naissent de vrais œufs.

Madeleine ouvrit la boîte susdite et distingua à peine les petits points blancs qui devaient devenir des graines.

— Ce jardin a été soigné autrefois, dit le docteur. Peut-être la maisonnette était-elle habitée par un propriétaire aisé ; nos vieux parents se contentaient de moins que nous, et ils en étaient plus heureux, s'ils étaient plus sages.

Tout en faisant cet aparté philosophique, le docteur rôdait çà et là le long des allées herbeuses : il finit par trouver sur une plate-bande encore à peu près *buisée*, une tige sèche portant une grosse coque demi-ouverte ; c'était sans doute ce qu'il cherchait.

— Les tulipes fleurissent avant les lis, expliqua-t-il à Madeleine. Celle-ci nous a laissé sa boîte aux graines bien développée, c'est comme si tu voyais celle du lis.

Et il fit remarquer à la jeune fille que cette boîte ou ovaire est divisée en trois compartiments dans lesquels les graines sont attachées sur deux rangs le long de l'angle central formé par la cloison de séparation entre les compartiments ou loges.

— Deux rangs de graines en trois loges font six rangs, dit Madeleine ; c'est toujours six ou deux fois trois.

— Trois, le nombre primitif, le nombre indivisible, ajouta le père, se parlant à lui-même.

Puis il reprit : La tulipe a aussi les autres caractères du lis, elle est de la même famille que le lis, de la famille des liliacées, corolle de six pétales, six étamines ; ovaire à trois loges, avec deux rangs de graines en chaque loge.

Cependant la grand'mère avait trouvé poli qu'Annette vînt, après *un bout de temps,* retrouver leurs bons visiteurs.

Elle s'avançait donc timidement, puis voyant que Madeleine avait à la main une fleur de ses lis, elle se hâta d'aller en couper plusieurs branches des plus fleuries qu'elle lui présenta avec des remerciements pour toutes ses bontés.

— C'est pour notre herbier, dit Madeleine ; Sylvaine assure

qu'il faudra les remplir de coton et les mettre en presse dans du papier mou, sous de gros livres.

— Mais il perdra sa belle blancheur, dit le grand-père.

— J'aurais cru que le blanc devrait rester blanc ; ce n'est pas comme les autres couleurs qui se fanent sur nos étoffes, objecta Madeleine.

— La couleur blanche, chez les fleurs, est due à de l'air enfermé dans leurs tissus, dit le docteur. La dessiccation chasse l'air, il ne reste plus que le mince tissu flétri, plus ou moins grisâtre.

— Pauvres belles fleurs ! gémit Madeleine.

— Nous nous flétrissons comme elles, pensa le vieillard, comparant dans sa pensée la fraîche jeunesse des deux enfants qu'il avait devant lui, avec les traits fatigués de la pauvre aveugle et avec les siens.

<hr>

VI

EN ATTENDANT

Le poireau et les oignons

— Mais, grand-père, disait Madeleine en rentrant, mettrai-je un vulgaire poireau à côté de mon beau lis, dans l'herbier ?

— N'y manque pas, je t'en prie. Non pas le pied du poireau, la dessiccation en serait difficile ; il suffira de nous montrer ses fleurs et quelques feuilles.

— Cette grosse fleur en boule, enfermée dans un sac transparent, demanda la jeune fille.

— Ce sac est une sorte de feuille, fermée en cornet et

nommée une spathe, dit le docteur. Mais la boule qu'elle renferme n'est pas une fleur.

— C'est vrai, ce sont dix, vingt, cinquante petites fleurs, rectifia Madeleine, après avoir vérifié le fait *de visu*, sur un poireau du jardin.

— Famille des poirées? demanda-t-elle ensuite.

— Famille des liliacées, répondit le docteur; six pétales, six étamines, ovaire à trois loges.

— Quel contraste! fit observer la jeune fille.

— Souviens-toi, enseigna son grand-père, que le nombre et la disposition des différentes parties de la fleur sont les seuls caractères sur lesquels se basent nos familles naturelles.

— Naturelles, se récria la jeune fille! Que le lis blanc et le lis rouge soient parents, je l'accorde. Mais les poireaux! et les oignons sans doute?

— Les oignons de cuisine, répéta le père; mais plus tard nous distinguerons des divisions dans cette belle famille.

— D'abord le lis dans la première, les poireaux et les oignons dans les dernières.

— Pas bien sûr qu'ils soient dans les dernières, dit le docteur. Mais j'ai beau chercher, la saison ne me montre pas d'autres liliacées.

Nommons-en quelques-unes de ta connaissance.

Les tulipes et les jacinthes de nos jardins qui nous sont venues de l'Orient; les fritillaires aux fleurs en coupe pendante avec trois glandes nectarifères au fond de la corolle ; les scilles de nos bois que vous appelez des jacynthes sauvages ; les ornithogales et asphodèles, et, à côté des poireaux, tous les ails du monde, y compris les échalottes, ciboules, etc. L'ail blanc dont tu aimes au printemps les ombelles d'étoiles blanches ; l'ail jaune que nous arrachons de nos pâturages, parce qu'il donne au lait de nos vaches une odeur et un goût désagréables, les ails roses à fleurs en tête, les ails des vignes, etc., etc.

— Les ails ont-ils tous ce suc piquant qui fait mal aux yeux dans l'oignon de cuisine ? demanda Madeleine.

— Tous, plus ou moins. Ce suc âcre est une huile dite volatile, parce qu'elle se volatilise, se vaporise à la température ordinaire de l'atmosphère.

Enfermée dans le tissu des feuilles et des bulbes ou oignons, elle s'en échappe si on rompt les cellules de ce tissu, et elle monte en une vapeur excitante, qui te pique le nez et les yeux.

Mais toutes les huiles volatiles ne sont pas âcres comme celle des ails, continua-t-il.

Les pétales des lis, par exemple, comme ceux de beaucoup d'autres fleurs, en contiennent de plus ou moins parfumées.

C'est l'exhalaison de ces huiles, soit volatiles, soit essentielles (de la nature des essences), vaporisées par la chaleur atmosphérique, qui produit ce que nous nommons l'odeur des plantes.

Aussi ces odeurs sont-elles généralement plus fortes par un beau temps que par la pluie, dont l'effet gêne la volatilisation des huiles odorantes.

VII

DES MOYENS DE SUCCESSION ET DE MULTIPLICATION

Les oignons ou bulbes

S'il y avait un peu plus d'ouvrage ou que Sylvaine parût fatiguée, Madeleine l'aidait avec bonne grâce, prétendant que c'était pour elle une distraction. Cependant, à entendre les remerciements de la vieille bonne, on comprenait qu'elle ne se méprenait pas sur les attentions de *sa fille*.

Ce matin-là, Henri venait dire adieu à sa sœur, en partant pour la ville.

Parée d'un tablier blanc à large *piécette* attachée sur les épaules, elle était debout devant la table de cuisine, *épluchant* des oignons pour la soupe du déjeuner.

— Je vois de la botanique partout, dit-elle en souriant, et je viens de découvrir que mon oignon pourrait bien être composé de feuilles les unes dans les autres, comme les *brins* de poireaux ; seulement elles sont bien plus épaisses et si courtes que cela m'embarrasse.

— C'est peut-être, répondit le jeune homme, que la substance dont se composent les longues feuilles du poireau est employée, dans l'oignon, à rendre les *siennes plus épaisses dans leur courte hauteur*.

— Mais les petites racines ont l'air de partir du pied de ces feuilles, reprit Madeleine, montrant en effet, sous la grosse toupie de ses oignons, quelques fines racines plantées en sens inverse des feuilles.

— Elles partent du *dessous* de la tige, répondit son frère, comme les feuilles partent du *dessus*.

— La tige ! se récria la jeune fille.

— Ah ! te voilà embarrassée, petite savante, reprit l'étudiant ; tu ne connais en fait de tiges que le tronc de tes arbres ou de tes rosiers, peut-être même celles des pois, quoiqu'elles soient plus faibles et moins droites.

— Mais, pardon, je vois bien aussi sur ce poireau la tige qui porte une tête de fleurs, reprit la jeune fille.

— C'est la tige florale, mais non pas la vraie tige, enseigna son frère ; la vraie tige c'est ce petit disque ou plateau sur lequel viennent s'implanter les feuilles, et qui s'accroît en circonférence à mesure que leurs rangs deviennent plus nombreux.

— Et la tige florale sort aussi de ce petit plateau ? demanda Madeleine.

— Au centre des feuilles, le petit plateau-tige porte un bourgeon, qui s'élève peu à peu en cette tige ou *hampe* couronnée d'une tête de petites fleurs.

— Après que l'oignon a fleuri, il a l'air de mourir, continua la jeune fille et on le ramasse dans le grenier ; mais il n'est pas mort, ou bien il ressuscite au printemps, car il recommence à pousser du vert.

— C'est alors qu'il commence à mourir, répliqua son frère.

— Est-ce possible ? s'exclama Madeleine.

— Demande plutôt à grand-père. Moi, je pars en courant, acheva-t-il, entendant la vieille pendule qui sonnait sept heures, de sa voix usée.

Au déjeuner, le grand-père voulut bien écouter les explications de la petite apprentie botaniste et continuer l'enseignement que son frère avait dû interrompre.

— Le vieil oignon récolté en automne meurt en effet, dit-il, il se dessèche peu à peu, au printemps suivant, à mesure qu'un jeune bourgeon central, devant le renouveler, se développe en absorbant les sucs contenus dans les épaisses feuilles du vieil oignon.

— C'est pour cela qu'il pousse même sans être en terre, comprit Madeleine.

— Il ne pousserait pas ainsi indéfiniment, reprit le docteur. Lorsque le vieil oignon a donné toute sa substance, le nouveau périrait faute de nourriture. Mais alors, il se trouve pourvu de racines qui puisent dans le sol les aliments dont il a besoin.

— Et il en est de même pour tous les oignons, pour les tulipes, les lis ? Alors, chaque printemps, ce ne sont pas les mêmes tulipes qui poussent et fleurissent ; ce sont les enfants auxquels celles de l'année précédente ont donné toute leur vie.

— Exactement ; mais, s'il poussait une seule tulipe, par exemple, de chaque tulipe de l'année dernière, le nombre de nos tulipes n'augmenterait pas sur nos plates-bandes.

— C'est vrai, approuva Madeleine ; cependant on trouve quelquefois de nouveaux petits oignons autour de l'oignon principal.

— C'est ce qu'on appelle des caïeux, expliqua le grand-père. Ils sont nés de petits bourgeons qui ont poussé aussi sur le plateau-tige du vieil oignon, et s'en détachent lorsqu'ils ont acquis un développement suffisant pour vivre de leur vie propre.

— C'est par ces caïeux que nos tulipes se multiplient et que nous pouvons en donner aux amis, ajouta Madeleine.

— Aussi, les appelle-t-on bourgeons de multiplication, et celui qui remplace l'ancien oignon est dit bourgeon d'entretien ou de conservation.

— C'est surtout par les graines que les plantes se multiplient, remarqua la jeune fille.

— Oui, pour la plupart, répondit le père.

Puis il ajouta : Les choses se passent alors comme dans le bulbe ou oignon. Le germe qui dormait dans la graine s'éveille et revit, absorbant les sucs qu'elle contient en approvisionnement à sa portée. Il se développe alors en une petite tigelle sur laquelle naissent une feuille ou deux feuilles, et en même temps une petite racine.

Puis, lorsque la graine est épuisée, la jeune plante est en état de chercher ses vivres dans le sol et dans l'atmosphère.

VIII

LE MUGUET D'ANNETTE

Muguet des bois (liliacées à baies)

— Je savais bien qu'il n'y avait plus de muguet, disait Annette, ne rapportant du bois que des feuilles sans fleurs, autour de petites grappes de baies brunes ou rouges.

— Donne tout de même, petite, répondit Sylvaine ; il faut de tout pour un herbier.

— Et précisément, il nous faut ce que tu apportes, reprit Henri qui reçut les pieds de muguet.

— Madeleine, continua-t-il, tu connais les petites grappes de fleurs du muguet, en voilà les fruits.

— Dans les liliacées ? demanda-t-elle.

— Juges-en, dit son frère.

Chaque fleur du muguet est un petit grelot de six pétales soudés ensemble, dans lequel il y a six étamines et un ovaire.

— Liliacées, décida-t-elle ; d'ailleurs, on l'appelle le lis de la vallée.

— Mais le fruit est charnu et les graines y sont disposées sans ordre au milieu de la pulpe ou chair, objecta Henri.

— Dans les lis, c'est une capsule à cloisons, avec des graines bien rangées, dit Madeleine.

— Aussi, le muguet n'est pas *tout à fait* une liliacée, reprit son frère.

Il est d'une famille bien voisine, qu'on appelle les convallariées (habitants des vallées), parce qu'elle se plaît dans les vallées et les lieux frais.

Ou encore asparaginées, parce que les asperges en font partie.

Ce disant, il conduisit sa sœur dans le jardin devant le carré où fleurissaient les asperges.

Il en cueillit des fleurs sur deux pieds différents et la pria de les analyser minutieusement.

— Elles ne sont pas complètes, dit sa sœur ; dans l'une, je ne vois pas d'étamines, et dans l'autre, il n'y a pas d'ovaire.

— C'est ce qu'on appelle des fleurs dioïques, expliqua le frère, c'est-à-dire en deux habitations, sur deux pieds différents ; aussi tous les pieds d'asperge ne porteront pas de fruits.

— C'est vrai ; j'ai souvent remarqué qu'il y a des pieds couverts de petites boules vertes, puis rouges, tandis que les autres n'en ont pas une seule.

— Il te faudra encore pour cette famille, reprit Henri, le sceau de Salomon, faux muguet, aux longues tiges feuillées, arquées, avec de petites fleurs pendantes comme celles des asperges, mais complètes, sous chaque paire de feuilles.

Et le petit houx fragon, ruscus, qui se trouve aussi dans les bois.

— Je le connais, dit Madeleine ; ses petites feuilles piquantes, coriaces, sont en forme de pique et elles portent quelquefois sur leur dos une petite fleur imperceptible, puis une grosse baie rouge.

— Ce qui te prouve que ce ne sont pas des feuilles, corrigea le frère ; jamais les fleurs ne poussent sur les feuilles.

Les houx fragons et les asperges n'ont pas de feuilles.

— Qu'est-ce qui a donc l'air de feuilles ? demanda Madeleine.

— Pour le houx fragon, ce sont des tiges aplaties, répondit l'étudiant ; pour les asperges, ce sont des nervures de feuilles dont le tissu manque.

— Aussi, reprit Madeleine, leurs rameaux sont délicats comme des panaches de soie.

— Tu sais, continua son frère, les asperges que nous coupons pour nos tables sont de jeunes tiges ou turions qui pousseraient comme celles-ci, si on les laissait vivre.

Les sortes de petites écailles que tu enlèves avant de les faire cuire, sont des feuilles avortées, desquelles pousseraient les rameaux.

IX

LES RUSES DU GRAND-PÈRE

Les fausses liliacées

— Voilà pour ton herbier, dit le grand-père au retour de ses visites, rapportant à Madeleine une branche de fleurs en cornets dentelés, de couleur jaune-rouge.

— Le lis des Incas, nomma la jeune fille ; et comptant six pétales, six étamines, elle ajouta : encore une liliacée.

— Six pétales et six étamines, ce n'est pas tout, objecta le grand-père.

— Le style y est aussi, répondit Madeleine.

— Et l'ovaire ?

— Pas d'ovaire.

— Impossible ; c'est que tu ne sais pas chercher, prétendit le vieillard, lui passant ses lunettes. Puis, il tourna la fleur la tête en bas, et fit remarquer au-dessous de la corolle une sorte de petite boule verte, sur laquelle le style était planté.

— Je cherchais *dedans* et par *dessus*, s'excusa la jeune fille.

— Avec l'ovaire dans la corolle, ce serait une *vraie* liliacée, expliqua le docteur ; avec l'ovaire *au-dessous, au pied* de la corolle, c'est une *fausse* liliacée.

Tu rangeras dans cette seconde famille, continua-t-il, les amaryllis rouges ou jaunes de nos appartements, de nos serres, de nos jardins, les agapanthes en ombelles de cornets bleus, les yuccas aux gros grelots blancs, les jolies perce-neige aux trois pétales extérieurs, blanc de lait, entourant trois pétales plus bas teintés de vert sur leurs bords.

Nous y trouverons aussi les narcisses blancs, portant à la gorge de la corolle une petite collerette jaune, qui n'est qu'un pli du tissu des pétales, et les narcisses en bouquet, et les jonquilles à pétales et à collerette jaunes.

— Tout cela, ce sont de fausses liliacées ?

— On les nomme aussi amaryllidées ou narcissées ; tu choisiras entre ces trois noms.

X

AUTRES MOYENS DE SUCCESSION ET DE MULTIPLICATION

L'iris (famille des iridées)

— Famille des iridées, annonça le docteur, présentant à Madeleine un bel iris aux teintes bleues, bleu violet, violet rose, jaune orangé, jaune serin, enfin toutes les teintes de l'écharpe d'Iris et de l'arc-en-ciel.

De plus, des iris tout bleus, d'autres tout gris, d'autres tout jaunes.

— Voyons, ajouta-t-il, devine pourquoi ces belles fleurs à six grands pétales ne sont plus dans les liliacées.

— C'est peut-être, répondit Madeleine, parce que trois des pétales sont redressés en dedans et si bien refermés sur le cœur de la fleur que je ne peux pas en trouver les étamines.

Le grand-père sourit. — Je te défie même de les trouver, bien qu'il y en ait trois et un style fendu en trois branches longues et grosses.

— Trois étamines seulement, reprit la jeune fille. Il en faut six pour les liliacées. Encore seraient-ce de fausses liliacées, car je vois l'ovaire sous la corolle. Mais où sont-elles donc, les trois étamines, demanda-t-elle ?

Le grand-père souleva une sorte de grosse côte qui était couchée sur le milieu de chacun des trois pétales retombants et on trouva qu'une longue étamine à tête noire, en forme d'aviron, était appliquée sur la ligne médiane du pétale que recouvrait la grosse côte en gouttière renversée.

— Et le style? demanda Madeleine.

— Chaque grosse côte en gouttière qui recouvre une étamine est une des branches du style, répondit le grand-père. Il se redresse parfois, et dans les crocus ou safran, il n'est jamais couché ; tu sais ces petits crocus jaunes, qui fleurissent à l'abri de tes buis, presque sous la neige.

— Ils sont aussi des iris ?

— Non pas, mais ils sont de la famille des iris, dite famille des iridées.

— Leurs six pétales sont dressés en godet oblong, comme les amaryllis.

— Oui, mais trois étamines et le long style à trois longues branches, sont sur le type de l'iris, répliqua le père. La disposition des pétales, continua-t-il, est encore très différente dans les glaïeuls, qui sont cependant aussi de la même famille.

— Dans les glaïeuls, la fleur est comme une gueule, dit Madeleine.

— Il y a plutôt, répondit le grand-père, un large pétale redressé en capuchon, avec un autre pétale qui s'abaisse en lèvre inférieure, et de chaque côté, entre ces deux pétales, deux petits pétales grêles.

— Pourquoi les iris jaunes du bord de l'eau sont-ils appelés de faux glaïeuls ?

— Je ne sais : on devrait plutôt appeler les glaïeuls de faux iris. Quoi qu'il en soit, continua-t-il, les feuilles des uns et des autres offrent ce caractère qui n'est pas rare dans les autres iridées, c'est qu'à partir du point où chacune des feuilles cesse d'emboîter sa voisine intérieure, elle se replie dans le sens de sa longueur, de manière que la face inférieure d'une des moitiés de chaque feuille est appliquée sur la face inférieure de l'autre moitié ; d'où il résulte une disposition en éventail dans l'ensemble des feuilles. Et encore ce fait que la pointe qui termine la feuille se trouve sur un de ses bords, comme dans la lame d'un sabre.

— Mais, réfléchit Madeleine, les glaïeuls ont des racines comme de petits galets ronds, et les iris de nos marécages et ceux de nos murailles en ont de grosses comme de gros troncs de choux.

— C'est vrai, dit le docteur, ou plutôt les racines des glaïeuls sont sous un galet charnu, sorte de tige refoulée qu'on nomme un bulbe solide.

Tandis que chez certains iris les racines sont sous la face inférieure d'une grosse tige couchée qu'on appelle un rhizome, c'est-à-dire une tige enracinée.

D'autres iris et aussi les safrans ont des bulbes solides, comme les glaïeuls.

— J'ai vu quelquefois deux galets l'un sur l'autre, au pied d'un glaïeul.

— Celui de dessous était de l'année précédente ; c'est de sa substance que s'était formé le jeune bulbe supérieur attenant à la hampe qui va porter des fleurs.

— Comme dans les oignons, remarqua Madeleine.

— Dans les crocus, le rudiment du bulbe de l'année suivante se montre quelquefois au pied de la hampe, avant que celui de l'année précédente ait disparu, en sorte qu'on voit ensemble trois générations superposées.

— Et dans les rhizomes ?

— La grosse tige couchée émet à son extrémité un bourgeon qui continue la tige précédente sans la détruire. Il émet à son tour un bourgeon de prolongation, et ainsi de suite, en sorte que le rhizome se trouve composé de tronçons successifs. Mais le tronçon de l'année est le seul qui produise des feuilles et des fleurs.

— Il n'y a pas de bourgeons de multiplication comme dans les oignons ? demanda la jeune fille.

— Je les oubliais, répondit le grand père.

Dans les bulbes solides, ils poussent sur le côté du bulbe et s'en détachent lorsque le temps est venu, comme les caïeux des oignons.

Sur les rhizomes ou tiges enracinées, ils naissent autour des articulations et se développent en sorte de bras couchés, plus ou moins perpendiculaires au rhizome principal.

— Il me semble que les oignons des crocus et des glaïeuls ne sont pas de véritables oignons ? demanda Madeleine.

— Non, certainement, répondit le grand-père. N'avons-nous pas vu que les oignons sont composés d'un petit plateau-tige et de feuilles emboîtées les unes dans les autres, naissant de ce petit plateau? Eh bien, les bulbes solides des crocus et glaïeuls ne sont que le petit plateau-tige, plus développé en épaisseur, mais sans ces feuilles épaisses qui forment la toupie de nos oignons comestibles, par exemple.

———

XI

LES PENTECOTES D'ANNETTE

Les orchis (famille des orchidées)

Un matin, le docteur partait avec sa petite bêche et sa boîte à herborisation, pour rapporter à Madeleine des orchis, ophrys, néoties, etc., etc.

Mais il rencontra au sortir de la cour un jeune gars dans une petite charrette de ferme; on venait le chercher pour un malade. Il monta dans la charrette et se laissa emmener.

On passait devant la maison d'Annette, elle sortit pour dire le bonjour.

— Connais-tu les orchis? lui demanda le docteur, avec un signe d'approcher.

— Je ne sais pas, monsieur, répondit-elle.

— Tu connais les pentecôtes? reprit-il.

— Oui, monsieur.

— Eh bien, cherches-en un bouquet pour Madeleine.

— Des rouges ou des blanches? demanda la petite fille.

— Des deux et d'autres encore, répondit-il.

— Oui, monsieur.

Puis, se ravisant, il la rappela :

— Prends ma petite pelle pour nous arracher quelques pieds avec les racines.

— Oui, monsieur, mais c'est bien profond. J'y ai tordu souvent mon couteau, sans aboutir.

Les pentecôtes étaient au logis du docteur avant lui. Madeleine en examinait une fleur lorsqu'il rentra.

— Famille des orchidées, dit-il.

— Encore des étamines bien cachées, répondit-elle.

— Dans un petit sac qui se dresse au pied du pétale en capuchon, reprit le docteur, et il déchira de bas en haut ce petit sac très peu élevé, dans lequel on trouva deux étamines accolées aux deux côtés du style.

— Il devrait y en avoir trois, assura le grand-père ; celle de devant est avortée. Au contraire, dans certaines espèces étrangères, celle de devant se trouve seule et les deux du fond avortent.

— Mais l'ovaire ? demandait Madeleine. Ah ! le voilà sous la fleur. Qu'est-ce donc, ajouta-t-elle, que cette petite bourse qui pend comme un petit cornet vide ?

— C'est un prolongement du pétale supérieur, s'allongeant en une sorte d'ergot ou éperon.

Il n'existe pas dans toutes les orchidées.

— Voyez, père, comme l'ovaire est tordu dans le bas de cette petite grappe.

— La fleur se tord ainsi dans plusieurs espèces, si bien qu'à un certain moment le casque est en bas, le labèle est en haut, puis elle se détord et la capsule redevient toute droite, comme celles que tu appelles des gousses de vanille.

— La vanille est-elle donc une pentecôte ?

— Non, mais elle est une orchidée. Ses tiges sarmenteuses portent des fleurs sur le type des orchidées. Tu pourrais en voir dans la serre du Jardin des plantes, si riche en rares orchidées étrangères.

Si ton frère obtient la permission de t'y conduire, le jeune directeur de la serre te fera remarquer que ces curieuses plantes vivent uniquement de ce qu'elles puisent dans l'atmosphère. Leurs racines ne sont pas dans le sol, elles semblent se jouer à travers les claies à jour sur lesquelles repose la plante, soit sur un lit de fougères, soit même sur une couche de charbon.

— Mais nos orchis à nous ont, au contraire, des racines profondes.

— Oui, afin de ne pas être atteints par le froid de l'hiver. Après la floraison complète, ils demeurent sous la terre jusqu'à la saison suivante, cédant la place à de nouvelles plantes qui la leur céderont à leur tour. C'est ainsi que la terre change de parure, comme une élégante qui se plaît à varier ses atours.

— Voyez, père, cet orchis a au pied de sa racine deux petites boules, comme des œufs ; et cet autre a deux petites mains, deux doigts.

— Ce sont des tubercules, dont le plus bas est de l'année dernière ; remarques-tu qu'il est flasque comme une bourse vide ?

— Toujours comme l'oignon qui se vide ?

— Exactement ; mais le tubercule est tout simplement un renflement de la racine, il n'appartient pas à la tige comme les bulbes.

— Ils ne sont pas l'un au-dessus de l'autre, comme les bulbes ?

— Ils alternent de côté ; une année à droite, une année à gauche.

XII

LES GRAMINÉES *(que vous appelez des* HERBES*)*

Sylvaine revenait du verger, une faucille à la main ; elle avait relevé son tablier de toile, de façon qu'il formait par devant une large pochette, où elle avait mis des herbes ; et les plus longues, sortant par le haut, se couchaient sur son épaule comme une gerbe encore verte.

— Bonne pose en Cérès, dit Madeleine à son grand-père.

— Cérès aux lapins ! répondit-il. Demandons-lui à herboriser dans sa botte de foin ; et il le demanda.

Laissant de côté les jolies herbes les plus fines en leurs panicules, il s'empara de quelques brins d'avoine et de ray-grass ; puis prenant sa loupe, et muni d'une épingle, il commença à dépecer ce que Madeleine appelait une fleur d'avoine ; à savoir, un de ces petits pendillons attachés à de longs fils composant une élégante grappe ou panicule.

— C'est un épillet, dit-il (petit épi), qui contient trois fleurs enfermées dans une spathe ; et détachant deux petites feuilles ou balles, qui étaient à la base de l'épillet : Ce sont, expliqua-t-il, les deux moitiés de la spathe ; tu les nommeras des balles ; mais nous les désignons par le nom de glume.

— Et les fleurs ? demanda la jeune fille.

Il détacha deux autres balles de dimensions moindres :

— Voilà le calice que tu nommeras encore des balles ou aussi glumelles.

— Il y a bien deux étamines, reprit-elle, et deux longues branches comme des plumes plantées sur un tout petit ovaire, mais la corolle est déjà tombée sans doute.

— La corolle est réduite à deux petites balles microscopiques ou glumellules.

— Glumes, glumelles, glumellules, ou trois petites paires de balles vertes, voilà toute la fleur ?

— Avec deux étamines et un ovaire à deux styles, ajouta le docteur. Cet ovaire ne contient qu'un seul ovule ou graine, qui le remplira pleinement, en sorte que l'ovaire s'appliquera si bien sur la surface de la graine qu'il lui formera une seconde écorce, et elle semblera sans enveloppe étrangère ; c'est pourquoi on la nomme graine nue. Nous la désignerons alors sous le nom d'akaine, qui veut dire fruit.

— Il y avait trois fleurs, disiez-vous, père ?

— Regarde avec la loupe, répondit-il. Celle que j'ai détachée était fixée à un petit axe court et grêle, enfermé dans la spathe, un peu au-dessus de cette fleur que nous avons enlevée. Voici les deux balles ou glumelles d'une seconde fleur moins développée ; puis, encore un peu plus haut, les rudiments d'une troisième fleur qui ne se développera pas.

— Ainsi, trois fleurs qui se réduisent à une seule ? remarqua Madeleine.

— Oui, à une seule complète, dans notre avoine cultivée. Les autres espèces d'avoine ont bien trois fleurs dans la même spathe, c'est-à-dire des épillets à trois fleurs.

En plusieurs autres graminées, les épillets sont à une seule fleur. Nos brômes en ont jusqu'à huit dans le même épillet.

— Mais ce ray-grass n'a pas de panicule comme l'avoine ? dit la jeune fille.

— Les épillets sont attachés à l'axe central même, au lieu d'être suspendus à l'extrémité de pédoncules grêles, répondit le docteur. C'est la disposition en épi, comme dans le blé, l'orge et beaucoup d'autres espèces.

Remarque que dans ce ray-grass comme dans les autres ivraies, les épillets étant nichés dans une petite concavité creusée sur l'axe qui les porte, n'ont qu'une demi-spathe, c'est-à-dire une seule glume, placée du côté extérieur de l'épillet.

— C'est vrai, répondit Madeleine. Ils n'en ont pas besoin du

côté abrité par le fond de la petite cuiller. Au sommet de l'épi,
ils y sont encore tout ramassés.

— Pour bien examiner une graminée, il faut **attendre** que
ses balles soient bien entrebâillées, bien épanouies.

C'est la famille la plus nombreuse et la plus répandue.
continua le docteur.

— Et la plus utile, je pense ? ajouta-t-elle.

— Tu sais, répondit le grand-père, elle nous donne le grain

de nos céréales pour notre nourriture et celle de nos animaux ;
et leur herbe, verte ou sèche, encore pour nos animaux.

— Père, dites-moi bien tous les grains qui sont des céréales.

— On pourrait répondre : ceux qui servent à la nourriture de l'homme ; mais on y comprendrait alors le riz et le maïs, qui généralement ne sont pas regardés comme des céréales. Disons plutôt que c'est le seigle, le froment, l'avoine et l'orge, dont la culture passe pour avoir été enseignée par Cérès.

— Le maïs, dites-vous ; est-il donc une graminée ?

— Il en a tous les caractères ; mais en des fleurs différentes, bien que sur le même pied.

Au sommet de la tige se dresse un ample panache de très petites fleurs ne contenant que des étamines.

Mais, de distance en distance, au pied d'une feuille, se trouvent les fleurs à ovaire, disposées en rangs nombreux sur un gros spadix oblong, où chaque ovaire devient un de ces gros grains bruns, dorés ou blancs, que tu donnes l'hiver à tes poules.

Mais, j'oubliais de te rappeler ces longues soies vertes ou brunes, qui pendent comme des chevelures au sommet de l'épi dans sa jeunesse ; chaque soie est le style d'un des ovaires dont se compose l'épi.

— Je les enlève sur les petits épis que nous confisons dans du vinaigre, dit la petite maîtresse de maison.

— Les gynérium de nos jardins, roseaux des pampas, ont aussi les étamines et l'ovaire en des fleurs différentes, et même sur des pieds différents. Ceux qui portent les fleurs à étamines donnent des panaches d'une conservation moins longue, parce que le duvet s'en détache dès que les étamines viennent à sécher ; tandis qu'il persiste plus longtemps autour des ovaires, pour lesquels ils sont un moyen de préservation.

— Je n'en mettrai pas dans l'herbier ? dit Madeleine.

— Pas plus que du riz et des cannes à sucre, ajouta le docteur. Tu auras bien assez de nos petites graminées communes : paturin ou poa, fétuques, bromes, agrostis, flouves, vulpins, etc., etc.

— Pas un de ces noms ne donne celui de la famille, remarqua Madeleine.

— Il vient de *gramen,* qui est le nom du blé, dit le grand-père.

Ils se mirent à cueillir sur la pelouse, sur les haies, dans le petit bois, toutes les herbes à épillets, en panicules ou en épis, et Madeleine disait en écoutant son grand-père indiquer les détails qui caractérisent chaque espèce : Je trouvais que toutes les herbes se ressemblent.

— Mais plutôt, reprit le grand-père, quelle diversité entre toutes ces plantes, bien qu'elles aient toutes des fleurs vertes, des feuilles étroites, un chaume à nœuds avec des feuilles partant de chaque nœud, et emboîtant le chaume jusqu'au nœud suivant, par une sorte de gaîne fendue, qui se prolonge à son sommet en une longue feuille étroite et pointue.

— Et la racine ? demanda Madeleine.

— Une sorte de souche à fines racines, laquelle émet de nombreux rejets, qui multiplient la plante mère.

XIII

LES CAREX DES MAUVAIS TERRAINS

(Famille des cypéracées)

— Peut-être prendrais-tu pour des graminées ces carex qui leur ressemblent un peu le long de ce ruisseau marécageux, dit le grand-père.

— En effet, leurs feuilles sont allongées comme celles des hautes touffes de blé, répondit Madeleine ; mais elles sont dures et rudes.

— Et la gaîne qu'elles forment à leur base n'est jamais fendue comme celle des graminées, ajouta le docteur.

— Puis, je ne sais pourquoi, reprit Madeleine, leurs épillets, ou épis, ou panicules, ont un aspect qui ne me permettrait pas non plus de les regarder comme des graminées.

— Chaque petite fleur n'a qu'une glumelle ou écaille florale, fit remarquer le docteur. Mais ce qui les distingue surtout, c'est que les étamines et l'ovaire ne sont pas dans la même fleur. Les fleurs à étamines sont en épillets situés ou au sommet de la panicule, ou à la cime de chaque épillet, ou à sa base.

— Ces hautes baguettes vertes qui sont au milieu du ruisseau n'ont l'air ni de carex, ni de graminées, dit Madeleine, et elles sont bien grandes pour des joncs.

— C'est le scirpe des lacs, dont on fait une division distincte de la famille des carex, répondit le grand-père. Les fleurs qui composent les épillets portent étamines et ovaires réunis au pied d'une même écaille, à la base de laquelle se trouve intérieurement une houppe de poils courts.

— Et ces jolis joncs à tête chargée d'un faisceau de soie blanche? demanda Madeleine, présentant une linaigrette (lin à aigrette).

— Ne diffère des scirpes que par les aigrettes de soie débordant longuement les écailles dans lesquelles elles naissent.

— Mais, ajouta-t-il, voici un beau cypérus en sorte d'ombelle portant à sa base trois longues feuilles florales qui la dépassent en hauteur. Ses épillets sont aplatis, parce que les bulbes ou glumes qui les composent, en s'imbriquant les unes sur les autres, sont toutes pliées en carène dans le sens de leur longueur.

— Figure-toi les papyrus d'Egypte sur ce même type, continua-t-il.

Toute cette famille est de consistance sèche, elle fait de très mauvais fourrages, et ne se plaît que sur les mauvais terrains marécageux et arides.

Ils prospèrent là où les graminées périssent, et laissant sur le sol des débris de générations successives, ils l'améliorent pour d'autres plantes plus délicates.

XIV

Les joncs (famille des joncées)

— Ce que j'appelle des joncs serait-il des carex ? demanda Madeleine.

— C'est selon ce que tu appelles des joncs, répondit son grand-père. Toujours est-il que ceci est un jonc, continua-t-il. Plus d'écailles, comme les carex et les gramens ; une véritable petite corolle de six pétales, six étamines, l'ovaire dans la corolle, et pour fruit, une petite capsule. Nous aurions dù en dire un mot à côté des liliacées.

Les joncs proprement dits ont des feuilles cylindriques, comme leurs tiges florales.

Les luzules, qui sont de la même famille, ont les feuilles planes et allongées comme celles de ce que tu appelles des herbes.

***

XV

LE PREMIER FASCICULE DE L'HERBIER D'ANNETTE

Les alismas (famille des alismacées)

Il y avait déjà bien des plantes desséchées, Henri aida sa sœur à les classer.

1º Chaque spécimen fut enfermé entre deux feuilles de

papier buvard, dans lesquelles on mit l'étiquette portant en tête le nom de la famille. Sur une seconde ligne, le nom de l'espèce ; et au dessous le lieu et la date de la récolte.

GRAMINÉES

Avoine cultivée

4 juin 188 .

2º Toutes les feuilles renfermant des espèces de la même famille furent réunies en une feuille de papier bleu, portant sur le dos le nom de la famille.

Et on se promettait d'y écrire plus tard les caractères qui la distinguent.

3º Les familles déjà vues dans les monocotylédonées furent placées entre deux feuilles de carton serrées sous un large cordon.

4º Afin de retrouver plus facilement chaque famille, lorsqu'on voudrait consulter l'herbier, le docteur conseilla de faire de petites étiquettes dont un bout se collerait à chaque feuille de papier bleu ; et l'autre, portant le nom de la famille, dépasserait la feuille, en sorte que le nom de toutes les familles pourrait se feuilleter librement.

Puis il ajouta :

— Nous négligeons dans les monocotylédonées des familles curieuses, mais peu importantes : les arums, les typhas ou macettes ; cependant, il faut dire un mot des alismacées : plantain d'eau , sagittaire, etc., parce qu'elles offrent ce caractère qui n'existe pas dans les autres monocotylédonées, à savoir, plusieurs ovaires dans une même fleur.

Mais, continua-t-il, je viens de voir de petits alismas dans le marécage du chemin creux ; Henri nous en procurera pendant que j'écrirai le titre de cette famille sur une nouvelle feuille bleue, que nous ajouterons à notre fascicule des monocotylédonées.

XVI

LA LEÇON D'HENRI

Les palmiers (famille des palmées)

— Dans les monocotylédonées, nous n'avons rencontré jusqu'ici aucun arbre, disait le docteur.

Les palmiers y constituent une famille spéciale.

Ils lèvent, comme le maïs et le blé. Ces géants de leur race ne sont à leur origine qu'une humble feuille, étroite, qui tombe lorsque les autres se sont développées successivement. Leur tige est d'abord, comme celle des poireaux et des oignons, un petit plateau ou disque peu épais. Puis, il pousse à chaque saison un bourgeon central, qui s'étend peu à peu sur ce disque et en augmente la hauteur, en sorte que les feuilles précédentes qui le couronnaient à son sommet, se trouvent descendues en anneaux au-dessous de la nouvelle pousse qui les couronne momentanément à son tour.

C'est ainsi que se forme, par superposition continue, le tronc des plus hauts palmiers. Du reste, on peut s'en faire une idée par la croissance des yuccas, dracénas et autres monocotylédonées vivaces, qui se développent sous nos yeux.

— A qui écris-tu cela? demanda Madeleine, que son frère avait appelée pour l'entendre.

— Mais à toi, petite sœur. Ennuyé de ne pas vous avoir pour causer, je me suis amusé, hier soir, à te faire la leçon sur mon papier.

— Comme tu es aimable de penser ainsi à moi ! répondit la jeune fille en l'embrassant. Il n'y a pas de frère comme le mien.

— Crois-tu qu'il y a beaucoup de sœurs comme la mienne ? demanda-t-il avec affection.

— Un bon frère aide peut-être sa sœur à être bonne, dit le grand-père. Et réciproquement, nous sommes tous moralement solidaires, continua-t-il. Les qualités de chacun influent sur celles de son entourage, et les défauts encore plus, parce que nous sommes devenus portés au mal.

Mais revenons à tes palmiers, continua-t-il. Dis au moins à **ta sœur** à quelle famille ils appartiennent.

Palmier Dattier

— A la famille des palmées ; six pétales, six étamines, un ovaire, devenant, par exemple, une noix de coco ou une datte, et contenant une sorte d'amande.

— Les fleurs sont-elles grandes ?

— Toutes petites et disposées le long d'un spadix, quelquefois plus ou moins ramifié, ou même à très nombreuses ramifications.

— Du reste, je t'apporterai un échantillon d'un spadix de sagoutier ; il fleurit dans les serres du Jardin des plantes.

— Celui qui donne les petits grains de sagou ?

— Oui, ces petits grains qui sont des fragments de moelle.

— Pour les feuilles, ajouta le docteur, elles semblent composées de folioles comme celles de nos acacias, ou divisées en sorte de doigts, comme celles de nos marronniers d'Inde. Mais ces divisions ne sont produites que par le déchirement du tissu qui est très peu résistant, par suite du manque de ramifications dans les fibres qui le soutiennent. Il est facile de voir qu'à leur origine ces feuilles sont entières et repliées en éventail. Elles se déchirent par tous les plis.

XVI

LE JARDIN DU ROI, A PARIS

En l'année seize....., sous le roi Louis quatorzième du nom, le directeur du Jardin des plantes, à Paris, se nommait Bernard de Jussieu.

C'était un savant sans bruit, esprit chercheur, travailleur, méthodiste.

Il savait tout ce que les botanistes anciens et modernes avaient écrit sur les plantes et leur classification. Il trouvait tout cela trop systématique, trop peu naturel ; il se disait que Dieu les voit autrement dans leur ensemble, et il cherchait.

Au lieu de se borner à compter le nombre des étamines et des ovaires, il pensa qu'il faut aussi tenir compte de leur disposition, de leur organisation et même du fruit.

Après bien des travaux, et s'aidant surtout du système du Suédois Linnée, tout en le rectifiant, il arriva à une classification plus naturelle, selon laquelle toutes les plantes comprises dans une même famille offrent la plus grande somme de rapports entre leurs parties les plus importantes, comme aussi dans leur aspect général, dans leur organisation, et, le plus souvent, dans leurs propriétés.

— Aussi, dit Madeleine, on dit toujours : méthode naturelle de Jussieu.

— Oui ; et on dit système de Linnée, parce que ses classifications sont plutôt conventionnelles que réelles, termina le grand-père.

Puis il reprit : Bernard de Jussieu ne perdit pas son temps à écrire des livres ; il amassait des matériaux pour ceux qui veulent en faire. Mais il écrivit sa méthode sur le terrain même des jardins du roi.

Ne m'interromps pas, continua le docteur, devant un geste exclamatif de la jeune fille ; un malade peut survenir. J'entends le marteau du portail.

Laurent Antoine de Jussieu, neveu, élève et successeur de Bernard, écrivit et enseigna bientôt la méthode de son oncle, poursuivait le vieillard, lorsque Sylvaine brusqua la conclusion en disant : Un malade pour consulter monsieur.

— Je reviens, assura-t-il. Henri, explique à ta sœur, sur le terrain, comment Bernard avait écrit sa méthode dans le jardin du roi.

— Viens, Madeleine, nos six carrés seront les compartiments royaux. Je ne sais pas au juste comment ils étaient du temps de Jussieu, mais tu comprendras l'idée. Dans ce premier carré du bas, à gauche, supposons des fougères, des mousses, etc., et au centre, un haut piquet portant·pour écriteau : Acotylédonées.

— Je comprends, voulut dire Madeleine, et au milieu du ·carré de vis-à-vis, un haut piquet portant l'écriteau : Monocotylédonées.

LE JARDIN DU ROI

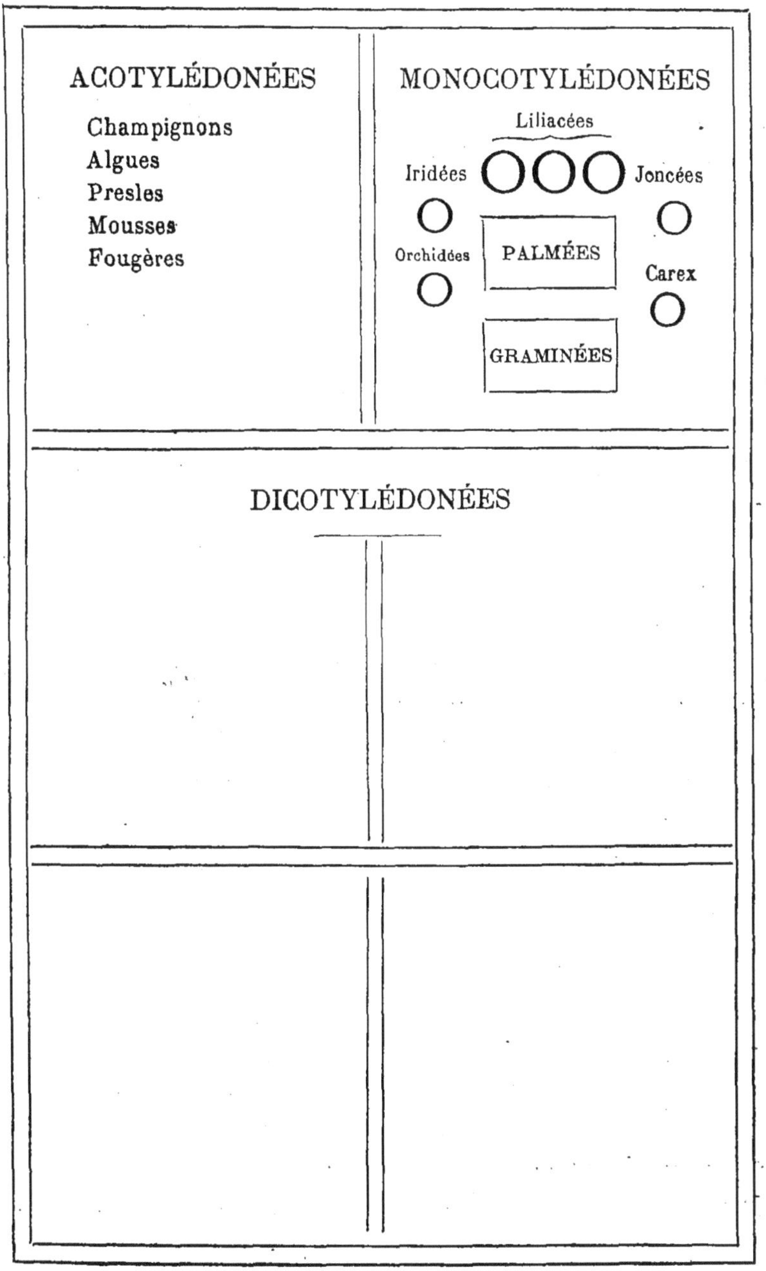

— Pour celui-là, nous pouvons en écrire plus long, reprit son frère. Attends, avec ces tuteurs de rebut je vais placer quelques familles, pourvu que tu m'en écrives le nom sur une petite étiquette.

Qui fut dit fut fait.

Puis on planta le tuteur des vraies liliacées au centre du carré, et celui des fausses liliacées à sa droite, tous deux de chaque côté du piquet annonçant la race des monocotylédonées.

Sur la droite des vraies liliacées, voilà les liliacées à baies, ou asparaginées, puis les joncées.

A gauche et un peu au-dessous des fausses liliacées, se plaça l'écriteau des iridées, au-dessous duquel les orchidées.

Tout au bas du carré, un grand espace fut réservé aux graminées, au-dessus desquelles s'éleva le piquet des palmiers ; et au-dessus celui des humbles carex.

Henri traçait un carré ou un rond autour de chaque piquet indicateur, et sa sœur nommait les plantes dont elle le remplirait.

— Mais nos dicotylédonées ? dit-elle tout à coup.

— Il te reste quatre carrés pour leur nombreuse race, répondit le docteur qui en avait fini de sa consultation.

— Quatre carrés à peupler ? demanda-t-elle.

— Les familles ne manqueront pas, répliqua le docteur. Et précisément nous les diviserons en quatre grands groupes, un par carré.

XVIII

ELLE EST BIEN MAL !

Renoncules (famille des renonculacées)

— Notre mère va mourir, Monsieur. Elle est peut-être morte à présent, disait avec des sanglots un jeune garçon qui accourait chercher le docteur.

— Qu'a-t-elle ? demanda celui-ci en prenant son chapeau et sa canne.

— Monsieur, elle vomit depuis tantôt ; c'est vert, il y a du sang, et elle crie miséricorde ; M. le curé y va devant vous.

Le curé avait eu le temps de s'informer du mal, et il faisait prendre du lait, de l'eau miellée, bien que la malade les rejetât en partie ; puis il attendait le docteur pour juger du danger.

— Qu'est-il arrivé ? demanda celui-ci.

— Monsieur, répondit une jeune fille occupée près du foyer, notre mère avait la fièvre ; la voisine lui dit comme cela, de la couper avec une herbe qui est très mauvaise et qui brûle la fièvre.

— Quelle herbe ? demanda le docteur.

— De la scélérate, répondit la voisine qui entrait se disculper ; j'ai guéri bien des fièvres avec ça ; mais elle l'a mangée en salade, moi je la mets sur le poignet.

— Vous ne l'aviez pas dit, voisine ; et vous aviez défendu de la faire cuire, reprit l'enfant.

— Montrez-moi cette herbe ? dit le docteur.

Il y en avait encore quelques débris.

— Malheureuse, dit-il, c'est bien la renoncule scélérate, une de nos espèces les plus brûlantes. Ajoutez de l'huile à son lait,

continua-t-il. Puis, s'adressant à M. le curé : Le mal n'est pas
sans remède ; du moins le danger n'est pas immédiat, mais elle
s'en ressentira longtemps. Appliquée sur la peau, cette plante y
fait venir des ampoules ; jugez de ce qu'elle a produit sur les
parois de l'estomac et des intestins.

La pauvre femme souffrait atrocement :

— M. le docteur, je vous demande pardon, répétait-elle,
j'aurais dû vous consulter. M. le curé, je ne voulais pas me
détruire, je ne voulais pas quitter mes enfants qui n'ont plus
de père.

Alors elle pleurait, et ses enfants pleuraient sans parler.

— Je reviendrai, dit le docteur, j'apporterai ce qu'il faut.

Renoncule âcre (Bouton d'or)

M. le curé promit aussi de revenir ; il était consterné comme
ces pauvres gens, et ne put que leur exprimer sa pitié paternelle,
leur promettant de prier avec eux. La pitié, c'est le baume du

cœur sur nos blessures ; la pitié chrétienne, c'est le baume par excellence, parce qu'elle contient des promesses d'espérances célestes.

Le docteur rentra donc chez lui, ramassant les mauves qu'il trouvait sur son chemin. Il en fit faire une abondante décoction par Madeleine, et mettant dans sa poche un petit flacon de laudanum, il reprit avec elle la route qu'il avait suivie le matin.

Après le récit de l'accident, il ajouta : Toute cette famille des renonculacées a un suc âcre, plus ou moins caustique, suivant les espèces.

Mais, continua-t-il en cueillant des bacinets ou boutons d'or, voilà des plus communes et des moins dangereuses.

C'est la renoncule âcre, reprit-il en la présentant à Madeleine. Tu seras tout aise de la voir conserver dans ton herbier son joli jaune verni.

— Elle ne ressemble guère à nos renoncules si doubles sur nos plates-bandes, dit la jeune fille.

— C'est que nous les avons fait doubler par la culture, répondit le grand-père ; tandis que notre bouton d'or a précisément les caractères qui distinguent la famille.

— Cinq pétales, compta Madeleine.

— Et sous cette corolle de cinq pièces, reprit le docteur, un petit calice vert aussi de cinq pièces ou sépales.

— C'est du nouveau, remarqua la jeune fille.

— Il existe en trois pièces dans les alismas, répondit le père. Et même quelques auteurs voient dans les liliacées une corolle de trois pièces intérieures ou pétales, et un calice de trois pièces plus extérieures ou sépales.

— Mais revenons à notre renoncule bouton d'or, et remarquons qu'elle a de très nombreuses étamines à têtes de la même couleur que la corolle, et recouvrant de très nombreux ovaires d'un vert jaune. C'est encore du nouveau que nous n'avions pas vu dans les monocotylédonées, sauf dans les alismas.

— Chaque ovaire est bien petit, remarqua la jeune fille.

— Dans toutes les espèces de renoncules, chaque ovaire ne

contient qu'une seule graine, dit le grand-père ; mais, en d'autres reconculacées, il en contient plusieurs.

Dans les anémones, encore une seule graine. En certaines espèces, le style s'allonge et devient plumeux.

Dans les pivoines, cinq gros ovaires à plusieurs graines.

Les clématites n'ont que quatre pétales en croix.

— Mais ce sont des arbustes ? objecta Madeleine.

— Des plantes sarmenteuses, rectifia le grand-père. Peu importe ; plantes herbacées, arbustes et arbres peuvent se trouver dans la même famille ; il suffit que leurs fleurs présentent les mêmes caractères.

<hr>

XIX

MA COMMÈRE, IL VOUS FAUT PURGER AVEC QUATRE GRAINS D'ELLÉBORE

Encore les renonculacées

— Les ancolies, ellébores, nigelles, dauphinelles, aconits, sont encore des renonculacées, disait le docteur, et il apportait un échantillon des plantes qu'il nommait.

— Je ne l'aurais pas deviné, répondit Madeleine ; elles ne ressemblent guère à nos boutons d'or.

— Vois-tu à la base interne de ce pétale du bouton d'or, reprit le grand-père, une sorte de petite écaille y formant une pochette ?

— A peu près, dit la jeune fille.

— Cette pochette se développe en cornet dans les ancolies. Compte, tu as sur leurs fleurs cinq cornets bleus, élargis au sommet et retournés à leur base en un bec crochu, d'où les ancolies se nomment aiglantines, à bec d'aigle. (Tu ne les confondras pas avec les *églantines*, roses d'églantier.)

— Mais, dit Madeleine après examen, il y a aussi cinq pétales plans de la même couleur ; un entre deux cornets.

— Ce sont les pièces du calice, expliqua le grand-père.

Cependant, passons aux ellébores ; ce qui te paraît les pétales, bien qu'ils soient verdâtres en les espèces ici présentes, ce sont les pièces ou sépales du calice. Pour les pétales véritables, ils sont représentés par de très petits cornets rangés en dedans du calice.

Dans les nigelles : calice bleu, petits cornets intérieurs ne différant de ceux des ellébores qu'en ce qu'ils sont fendus en deux lèvres à leur sommet.

Les dauphinelles ou pied-d'alouette, n'ont qu'un seul cornet bizarrement enfilé, par sa longue queue effilée, dans une des pièces du calice.

— Quelquefois, tu l'en as détaché pour en faire de petites couronnes que tu aplatissais dans mes livres, interrompit Henri, feuilletant un de ses gros volumes pour y trouver pièce à l'appui.

— Quant à l'aconit, reprit le docteur, ses deux très petits cornets blancs, longuement grêles, sont nichés sous un large capuchon ou sorte de casque, qui est une des pièces du calice.

— Singulière famille, dit Madeleine.

— Famille dangereuse, reprit le docteur. Mais remarquons que le principe âcre qui rend la plupart des espèces plus ou moins malfaisantes, est une huile volatile qui disparaît en partie par la dessiccation et surtout par la cuisson. Aussi, certaines prairies produisant en grande quantité des renoncules de diverses espèces funestes aux bestiaux, s'ils s'en nourrissaient en vert, donnent un foin qu'ils peuvent manger sans danger.

Je n'oserais pas dire, toutefois, que la scélérate peut être comprise dans les espèces qui peuvent devenir inoffensives.

Lès ellébores sont employés parfois, à petites doses, comme purgatif.

— Ma commère, il vous faut purger avec quatre grains d'ellébore, récita Henri, se souvenant de son La Fontaine ;

Ellébore (rose de Noël)

mais je dirai, ajouta-t-il : Ne vous y fiez pas sans avoir consulté un des docteurs Gallien.

— Redoutez surtout les aconits, poursuivit le grand-père. Leurs exhalaisons même peuvent être mortelles ; on en cite plus d'un triste exemple, surtout dans le Midi, où la chaleur rend plus abondante la vaporisation de l'huile volatile, qui les rend pernicieuses.

— Je me rappelle, en effet, dit Madeleine, avoir lu qu'un bouquet d'aconit avait causé la mort d'une jeune fille qui le portait à son corsage.

— Le gros navet de l'aconit napel (aconit navet), ajouta le frère, est particulièrement un violent poison, surtout si on le mange sans être cuit, le prenant, par exemple, pour une racine de raifort ou de gros radis noir.

— La famille des renonculacées est extrêmement nombreuse, acheva le grand-père ; elle grossira beaucoup notre herbier.

XX

LA PETITE MARIE-ANGE

Cresson, choux, giroflées (famille des crucifères)

— Non, petites, Monsieur n'est pas rentré, répondait Sylvaine.

— On reviendra, dit Anne qui accompagnait une jeune fille dont la mine paraissait languissante.

— De meilleure heure, demain, reprit Sylvaine. Mais comme elle est fatiguée ! asseyez-vous, ma fille, ajouta-t-elle avec compatissance.

— On vient montrer nos herbes, commença la petite Annette. Il y en a qui lui disent de boire du jus d'herbes, pour lui refaire le sang. Mais on a peur de se tromper comme la mère Jeanneton, qui est si fâchée de n'avoir pas consulté M. Gallien.

— Oh ! pour les herbes, j'y connais, assura Sylvaine. Est-ce que je n'aide pas monsieur à les piler pour ses malades ?

Annette étala sur la table les herbes qu'elle tenait sous son tablier, et Sylvaine se mettait en devoir de les reconnaître lorsque Madeleine entra, qui l'interrompit par quelques bonjours échangés avec les deux petites filles.

Puis, la servante du docteur n'en commença pas moins l'examen des herbes.

— N'est-ce pas, Mademoiselle, voilà bien le cresson, puis du cerfeuil, de la laitue, du pissenlit, du beccabunga ? Monsieur dit toujours que les fleurs qui ont quatre pièces en croix, comme le cresson, sont toutes bonnes à quelque chose ; et je pense bien que c'est parce qu'elles sont en croix qu'elles sauvent le monde.

Madeleine sourit, pendant que bonne continuait : Pour le

pissenlit et la laitue, je crois que c'est par l'amertume qui fait faire pénitence, comme le roi David, qui buvait sur de l'hysope.

Très heureuse d'exposer ses théories particulières, Sylvaine s'arrêta pourtant, reconnaissant le pas du docteur.

La consultation ne fut pas longue ; puis Madeleine l'emmena au jardin pour lui raconter, tout à son aise, les dires de sa bonne.

Le vieillard s'en amusa ; puis il cueillit sur les plates-bandes quelques fleurs de giroflée simple et de julienne, une branche

Julienne

de thlaspi, un rameau de la monnaie du pape, et sur les carrés du potager, des fleurs de choux, de raves, de cressonnette, de cochléaria, sans oublier pour chaque fleur la silique qui lui succcède.

— Tout cela des crucifères ? demanda Madeleine.

— Quatre pétales en croix, quatre étamines, dont deux fendues dans le sens de leur longueur, ce qui fait que tu en compterais six au lieu de quatre, si je ne te disais que les quatre demi n'en font que deux. Pour l'ovaire, qui est plus ou moins allongé et sans style, il devient une silique très longue dans la giroflée et le chou, par exemple, articulée dans le radis, très courte et ronde dans le thlaspi et la lunaire ou monnaie du pape, comme tu le vois sur ces divers échantillons. La dimension et la forme de la silique, continua le docteur, sont le caractère par lequel on distingue entre elles les différentes espèces de crucifères, dont les fleurs sont toutes sur le même type, en sorte qu'elles n'offrent pas de moyen d'établir de bonnes divisions dans cette nombreuse et importante famille.

— La silique, c'est un étui à graines, dit Madeleine, qui en ouvrait quelques-unes.

— La silique, c'est un fruit composé de deux feuilles carpellaires (feuilles à fruit) appliquées l'une sur l'autre par leur face interne. Les bords de ces feuilles, légèrement repliés en dedans, portent les graines le long d'un faible renflement nommé *placenta*, ce qui veut dire gâteau, parce qu'il est plus succulent que le reste de la feuille.

Ce placenta existe sur le bord de toutes les feuilles carpellaires dont se composent les capsules, les gousses et toute espèce de fruits. Mais la disposition de ces feuilles constituantes du fruit, varie merveilleusement pour produire une admirable diversité dans les fruits des diverses espèces.

— Voyez donc, père, pria Madeleine : il y a une autre feuille très mince et transparente au milieu de la silique, entre les deux feuilles du dessus et du dessous. Elle reste debout quand les deux moitiés de la silique se détachent pour tomber.

— Ce n'est pas une feuille véritable, répondit le docteur. On l'explique par une expansion des placentas en une lame mince, formant cette cloison qui divise la silique en deux compartiments.

— Sylvaine prétend, vous savez, père, que toutes les crucifères sauvent le monde.

— Du moins, pas une n'est malfaisante, et un grand nombre d'espèces sont, en effet, alimentaires, d'autres médicinales, quelques-unes contiennent des principes dépuratifs du sang, d'autres des principes stimulants.

Je te citerai comme alimentaires les choux, les navets et les raves ; tu sais qu'on prépare avec la graine de la moutarde, ce condiment à saveur piquante qui en porte le nom ; le cresson de fontaine, le cresson de terre, le cresson alénois ou cressonnette sont à la fois condimentaires et médicinales par leurs principes dépuratifs et stimulants. Mais le cranson de Bretagne (moutarde de capucin, cochléaria), possède ces qualités à un plus haut degré. Tu sais qu'il est la base de ce sirop antiscorbutique que tu m'aides à préparer, et qui est regardé comme le meilleur reconstituant pour les organisations lymphatiques.

— Je crois que nous pourrons en donner à la petite amie d'Annette, n'est-ce pas, père ; elle semble toute scrofuleuse.

— Elle en emporte une petite bouteille, répondit le docteur ; mais le mal est bien avancé pour qu'elle guérisse. Son visage porte déjà de tristes cicatrices.

XXI

OU NAISSENT LES GRAINES

Les œillets (famille des caryophyllées)

— Recueillons les graines de tes œillets, commença le docteur Gallien.

— Les utilisez-vous en médecine ? demanda Madeleine.

— Non, répondit le docteur ; toute cette gracieuse famille est sans vertu, mais aussi sans danger.

Cependant, continua-t-il, tu feras bien de récolter tes graines pour les semis qui te donneront des fleurs l'année prochaine.

Tout en coupant donc les têtes défleuries, la jeune fille s'avisa de les étudier ;

— Père, dit-elle, expliquez-moi, je vous prie, toutes ces pièces qui enferment les graines. D'abord, c'est un long étui ouvert au sommet qui est découpé en cinq dents, et dont le pied est chaussé de quatre petites écailles qui sont sans doute le calice.

— Le calice, reprit le grand-père, c'est ce long étui formé par cinq pièces ou sépales soudées ensemble. Les petites écailles ne sont que des sortes de petites feuilles florales ou bractées (bractéoles ici, vu leur petitesse).

— Alors la petite poire qui se trouve au centre du calice-étui, doit être l'ovaire ? demanda encore la jeune fille.

— Précisément ; tu peux le déchirer dans le sens de sa longueur pour y trouver les graines, conseilla le vieillard.

— Pas de compartiments, dit-elle, toutes les graines sont rangées sur un placenta en monticule qui s'élève au centre de l'ovaire.

— Ce monticule ou mamelon central, reprit le docteur, est formé par la réunion de trois placentas, accolés verticalement et appartenant à cinq feuilles carpellaires, qui en ont été détachées dans le tiraillement de la croissance du pourtour de la coque.

— Père, j'en vois des débris dans le vide qui est autour du petit mamelon aux graines.

— Primitivement ces débris faisaient partie de cloisons qui divisaient l'ovaire en cinq loges dans sa jeunesse.

Je t'arrête, continua-t-il, à comprendre cette placentation centrale, parce qu'elle est assez rare et s'explique moins facilement que la placentation dite axillaire, dans laquelle les graines se voient attachées, comme dans la capsule de la tulipe et des iris, par exemple, à l'aisselle de feuilles repliées en cloisons toujours subsistantes.

— C'est un peu difficile, père, dit la jeune fille ; je comprendrais mieux la fleur, et je me rappelle qu'elle a cinq pétales au long pied grêle, emboîtés dans le long calice en étui.

— Cinq pétales très larges dans leur partie supérieure formant une corolle étalée en roue, continua le docteur ; cinq étamines ne dépassant pas la gorge de la corolle, un seul ovaire et un seul style, fendu en deux longues branches plumeuses et divergentes, arquées au-dessus de la gorge ouverte de la fleur.

— Cinq, comme dans les renonculacées, remarqua Madeleine.

— Mais un seul ovaire, reprit le grand-père. Quelques groupes ont dix étamines, d'autres trois ou cinq styles. Du reste, l'aspect général de la famille la rend facile à reconnaître. Tiges grêles, souvent coupées de nœuds fragiles d'où naissent, le plus souvent par paires, des feuilles étroites et pointues. Jalousie (œillets de poète), lychnis blancs ou roses de nos prairies, de nos pâturages ou de nos haies (trois styles), silènes à cinq styles, stellaires blanches aux cinq pétales échancrés, paraissant en être dix ; alsines, sablines, cérastes, spergules aux fleurs exiguës, nielle des blés au calice prolongeant ses étroites lanières vertes entre les pétales violacés, qu'elles dépassent en longueur.

XXII

UN SIMILAIRE DU JARDIN DU ROI

Thalamiflores et caliciflores

— Quels grands travaux allez-vous entreprendre ? demanda M. le curé, voyant Henri chargé de piquets étiquetés qu'il emportait vers le jardin.

— Nous traçons, répondit le jeune homme, un similaire du jardin du roi.

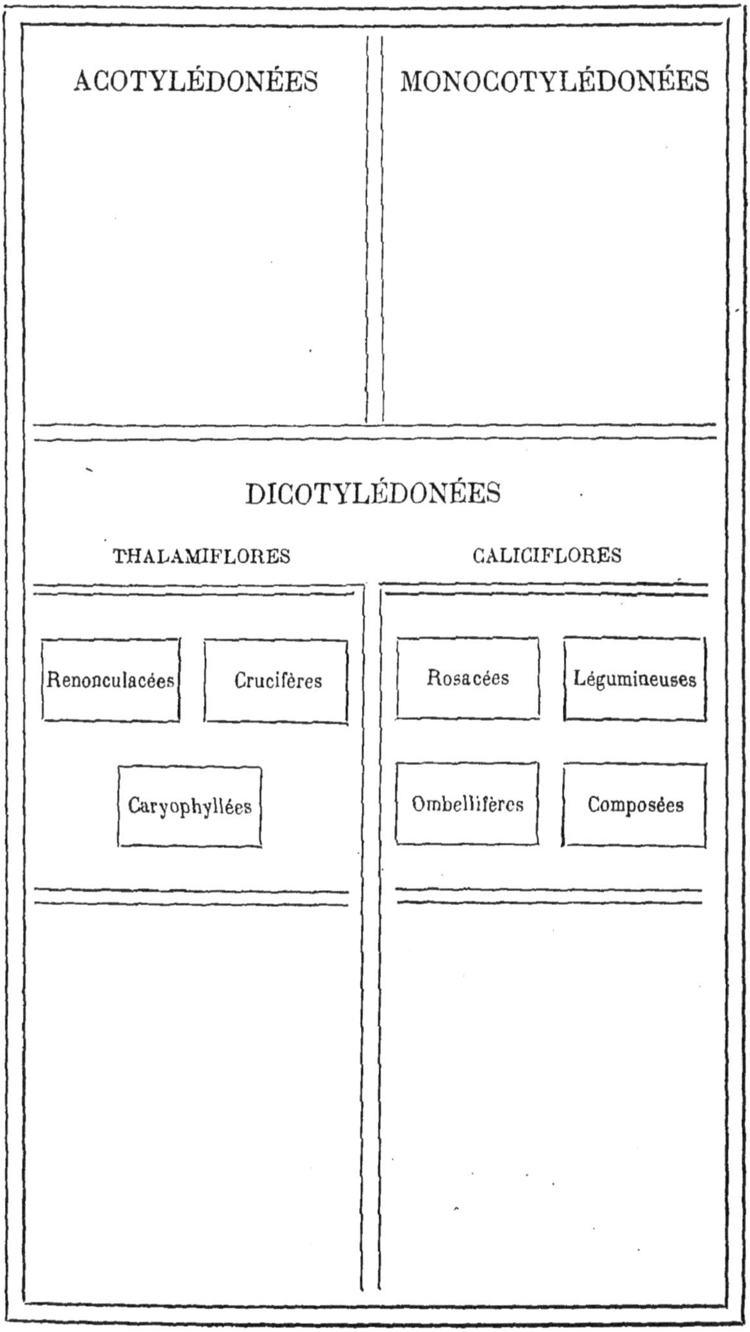

ACOTYLÉDONÉES | MONOCOTYLÉDONÉES

DICOTYLÉDONÉES

THALAMIFLORES

CALICIFLORES

Renonculacées

Crucifères

Caryophyllées

Rosacées

Légumineuses

Ombellifères

Composées

— Nouveau Jussieu, reprit le bon prêtre, lisant les écriteaux botaniques de quelques piquets.

— Précisément, M. le curé, notre herbier nous a conduits à faire de la botanique pour Madeleine. Quelques amis veulent même venir partager nos études ; c'est pourquoi je me hâte de préparer nos plans.

— Bon, reprit le curé ; je comprends vos deux premiers carrés ; mais je ne me rends pas compte de ceux que vous plantez actuellement.

— Restez à notre causerie, dit le docteur, vous apprendrez ce que vous ne savez pas.

— Voulez-vous bien ? ajouta Madeleine, qui s'avançait en petite cuisinière ; Sylvaine est à Rennes, mais j'ai un potage aux herbes, des côtelettes aux herbes et un dessert de fruits choisis.

Le curé se laissa séduire. Après le dîner, arrivèrent les amis annoncés, et le docteur les conduisit sur le terrain. Mais, au lieu de leur expliquer les piquets qu'Henri venait de planter, il alla cueillir dans une allée négligée quelques fleurs de bouton d'or, et sur une plate-bande, une fleur de fraisier.

Il distribua les boutons d'or aux jeunes filles, qu'il pria de les effeuiller comme lui.

Puis il leur fit remarquer que toutes les pièces de la fleur, calice, pétales, étamines, peuvent se détacher sans déchirement. Elles sont ce qu'on appelle libres.

Alors il s'excusa de n'avoir coupé qu'une fleur de fraisier, afin de ne pas détruire l'espoir de ses desserts, et passant cette unique fleur à M. le curé, il le pria d'en enlever une pièce du calice ; mais le curé se déclara maladroit, et offrant la fleur à sa plus proche voisine du moment, il lui confia la mission dont on voulait le charger.

C'était la jeune Marthe aux doigts délicats ; cependant, lorsqu'elle essaya de détacher une des petites pièces vertes du calice à double rang sur lequel repose la fleur, une autre pièce se déchira, emportant en même temps une portion d'un pétale et quelques étamines.

La jeune fille resta un peu confuse ; mais le bon docteur lui dit bravo, et assura qu'elle n'aurait pu faire autrement. C'est justement ce que je voulais, ajouta-t-il.

Puis, coupant une fleur de pois, il fit faire la même expérience à une autre jeune fille, et le résultat fut identique.

— Voilà pourquoi nous plantons nos piquets sur deux carrés différents, poursuivit le docteur.

Au milieu du premier, nous pourrions arborer l'écriteau de *liberté* ; au milieu du second, *dépendance*. Mais vous lisez, thalamiflores et caliciflores.

— J'ai su un peu de grec, dit M. le curé. *Thalamus* veut dire, je crois, oreiller, tabouret.

— Précisément ; dans nos familles thalamiflores, toutes les différentes parties de la fleur sont insérées sur un petit plateau, oreiller, tabouret, *thalamus,* sans adhérence les unes aux autres ; comme nous l'avons vu dans les renoncules bouton d'or, comme vous pouvez le voir dans les giroflées, thlaspis et autres crucifères, comme vous pouvez le voir dans les œillets, lychnis et autres caryophyllées.

— Et dans le second carré ? demanda Madeleine.

— Dans les familles du second carré, fraisier, pois, fleur de carotte et de pâquerette, le calice est une espèce de coupe que remplit le réceptacle sur lequel naissent les autres parties de la fleur, de telle sorte que ce réceptacle adhère par tous les points de son pourtour aux parois intérieures du calice, et que la corolle avec les étamines y semblent insérées sur le calice même. De là la désignation de caliciflores.

Henri avait tracé trois compartiments sur le premier carré.

Il en traça quatre sur le second.

— Vous laissez beaucoup d'espace entre vos compartiments, dit le curé.

— Pas encore assez pour toutes les familles intermédiaires qui doivent relier entre elles ces familles principales, répondit le jeune homme. Pour le moment, nous n'en sommes qu'aux grands jalons, ajouta-t-il, indiquant les hauts piquets qu'il venait de planter.

— Je reviendrai voir les petites chaînes, quand vous en userez, dit le curé. Et il emmena le docteur désennuyer la vieille Nanon, qui, de temps en temps, perdait confiance au voyage promis.

XXIII

UN PROFESSEUR IMPROVISÉ

La rose (famille des rosacées)

Toute la jeunesse, par la voix de Marthe, demanda à suivre et suivit.

Henri s'écartait à droite et à gauche, cueillant des fleurs, même des fleurs défleuries ; les jeunes filles se demandaient pour qui serait le bouquet, et Madeleine pensait qu'il reviendrait à son herbier.

On se prétendit lassées ; il y avait là quelques basses meules de foin, encore tout odorant des flouves demi-desséchées ; les places furent bientôt prises sur l'invitation d'Henri, qui promit de réparer le désordre des meules si elles venaient à crouler.

Alors il commença à distribuer les fleurs de son bouquet, les nommant à mesure, en attendant que son grand-père en fît le thème d'une leçon :

1. Rose de l'églantier, dit-il.
2. Fleur de la ronce qui vous donne des mûres.
3. Fleur de la fraise des bois.

4. Fleurs de potentilles qui ressemblent à celles du fraisier.

5. Grappe effilée de l'aigremoine.

6. Spirée ulmaire ou reine des prés.

— Assez, dit-il ensuite, réservons les autres pour plus tard.

Les jeunes filles chuchotaient, elles poussaient Marthe qui finit par céder.

— Monsieur Henri, fit-elle gentiment en s'avançant vers lui, vous pourriez bien faire la leçon en attendant M. le docteur.

— Essayons, répondit-il.

Puis, s'adressant à sa sœur à demi-voix : mais ces demoiselles connaissent-elles les pétales, étamines, etc.?

— Oui, oui, assura-t-elle tout haut. Depuis que je fais un herbier, je les ai tenues à peu près au courant.

— Toutes vos fleurs sont des rosacées, reprit le professeur improvisé.

Elles se regardèrent étonnées, et il continua :

Rose

— Combien de pétales, s'il vous plait?

— Cinq, fut-il répondu en chœur.

— Cinq pétales disposés en rose, répéta-t-il.

— Avez-vous un calice?

Après vérification, on décida oui à l'unanimité.

— Et les étamines?

— Beaucoup d'étamines.

— Et les ovaires ?

— Un gros ovaire sous la fleur, hasarda Madeleine qui avait la rose.

— Erreur, ma chère ; il y a plusieurs ovaires dans cette grosse toupie verte, qui fait partie du calice et que tu prends pour l'ovaire.

Alors, il distribua à quelques-unes des jeunes filles des roses déjà défleuries depuis assez longtemps, et il donna l'exemple de fendre avec un canif le fruit en sorte de baie qui avait succédé à la fleur.

Toutes se levèrent pour regarder ce qu'il allait faire.

— Dans ce gros calice renflé, la substance du plateau réceptacle qui a produit les différentes parties de la fleur, s'est affaissée pour en tapisser intérieurement la concavité, en sorte que les ovaires sont implantés à l'intérieur du calice. Voyez-vous ces sortes de petits noyaux osseux, ce sont les ovaires. Remarquez qu'ils sont hérissés de poils courts et raides sur la face qui regarde le centre du fruit ; mais la face qui est nichée dans la pulpe du réceptacle est lisse, parce qu'elle est suffisamment à l'abri par sa position.

— A l'abri de quoi ? demanda une de celles qu'intéressaient les explications.

— C'est vrai, je ne vous ai pas dit que le calice reste demi-ouvert à son sommet, en sorte que l'humidité et la poussière pourraient atteindre les ovaires, s'ils n'étaient préservés du côté qui y est exposé.

Au sommet intérieur de ce calice, continua-t-il, ce réceptacle concave déborde en un anneau glanduleux, sur lequel sont implantés les pétales et les étamines, au centre desquelles s'élève la tête des styles surmontant les ovaires.

Le docteur revenait avec son vieil ami ; ils s'avancèrent entre les jeunes groupes.

— J'en suis aux fraises, dit Henri, et j'oublie que j'ai mes bouquins sous le bras, pour étudier les tendons et les nerfs.

— C'est moins attrayant que les fleurs, prétendit M. le curé.

Mais le jeune homme aimait et admirait l'organisation animale. D'ailleurs, il voulait réussir. Il s'éloigna avec M. le curé, chacun d'eux récitant son bréviaire, prétendirent les jeunes filles.

XXIV

LE PANIER DE FRAISES

Rosacées, dryadées

— Ainsi, c'est moi qui reste chargé de vous faire manger des fraises, dit le bon docteur, s'asseyant sur une des meules de foin, et se laissant entourer par les jeunes filles.

Précisément, Annette m'a donné ce petit panier pour Madeleine, cela ne pouvait pas mieux nous arriver, continua-t-il.

Il offrit des fraises à la ronde, priant d'attendre pour les goûter qu'il les eût fait connaître en leurs détails.

Apercevant aux mains d'une des jeunes filles la fleur de fraisier que lui avait remise Henri, il demanda à toutes quelle est la partie de la fleur qui va devenir une fraise.

— C'est le milieu, dit Marthe; ce qui fit rire les autres.

— Est-ce le calice, comme dans la rose ? hasarda une des rieuses.

— C'est le réceptacle bombé qui remplit le calice, répondit le docteur.

Vous avez vu dans la rose un réceptacle concave comme un de vos dés à coudre que vous planteriez sur le petit bout, l'ou-

verture en haut, avec les ovaires implantés sur la paroi intérieure. Dans la fleur de fraisier, au contraire, le réceptacle est
comme un dé à coudre, le petit bout en haut, avec les ovaires
implantés sur la paroi externe dans les petits trous creusés
pour appuyer la tête de votre aiguille.

— Je vois ces petits trous sur mes fraises, dit Madeleine, et
dans chaque petit trou, une petite graine qui porte un tout
petit fil très court.

— Ces petits noyaux osseux que tu prends pour des graines,
rectifia le docteur, ce sont les ovaires ; et le petit fil qui les
surmonte, c'est le style de chaque ovaire.

Le réceptacle s'accroît, devient charnu et succulent, nous
l'appelons une fraise.

Vos potentilles que vous prenez peut-être pour des boutons
d'or, ne diffèrent des fraisiers qu'en ce que leur réceptacle reste
légèrement bombé et sec.

— Je vous engage, reprit-il, à goûter maintenant vos fraises,
tout en retournant vers le bourg. Mais, cherchons aux ronces
du chemin des mûres noires ou même des mûres rouges, faute
de mieux.

On ne fut pas longtemps sans trouver des grappes de
mûres aux branches des ronces ; mais elles étaient toutes vertes,
la saison n'étant pas assez avancée pour qu'elles eussent pris
une autre couleur.

— Vous prenez cela pour une sorte de fraise ? demanda le
docteur.

— Plutôt pour une espèce de framboise, répondit Marthe.

— Très bien, mon enfant, c'est tout à fait cela. Mais je vais
dire, comme pour la fraise, qu'est-ce qui devient le fruit ?

— Je croyais que c'est toujours l'ovaire, dit Madeleine.

— Eh bien, ici, où reconnaîtrez-vous l'ovaire, je vous prie ?
Et d'abord, il y a plusieurs ovaires disposés sur un réceptacle
commun.

— Ce réceptacle devient peut-être le fruit, comme dans la
fraise ? demanda une autre jeune fille.

— Non pas, non pas ; quand vous cueillez des framboises, le petit réceptacle conique reste attaché à la petite tige qui portait le fruit, vous n'emportez que le chapeau dont il était coiffé, et c'est de même pour la mûre.

— Alors, étudions le chapeau, proposa-t-on ; et on finit par jeter sa langue aux chiens.

— Chaque petit ovaire, en s'accroissant, expliqua donc le docteur, arrive à toucher ses plus proches voisins qui, à leur tour, rejoignent les leurs. En sorte qu'ils forment tous ensemble comme un seul fruit, bien qu'ils soient un fruit composé de nombreux petits fruits, ayant chacun son ovaire, et chaque ovaire sa graine.

— Ainsi, la famille des rosacées a des fruits très différents les uns des autres, fit observer Madeleine.

— Et les spirées qui en font partie ont des gousses comme les pois, mais de très petites dimensions, continua le docteur.

En outre, ajouta-t-il, cette belle famille nous offre aussi les fruits les plus précieux. Madeleine, as-tu encore quelques pommes au fruitier ?

— Encore quelques-unes, répondit-elle. Vous savez, père, nous en faisons de la limonade pour le vieil Yvon.

— Tu ne me donneras que la *pépinière,* accorda le grand-père.

A bientôt, à demain, s'il plaît à Dieu, conclut-il.

On se hâta de rentrer, déposant les jeunes filles de maison en maison, à mesure qu'on passait devant celle que chacune habitait.

XXV

DANS LE VERGER

Pommes et poires, pêches et abricots, prunes et cerises

(Famille des rosacées)

Le père de Marthe gardait sa chambre et son fauteuil par suite d'un accident de chasse; elle ne pouvait le quitter ni longtemps ni souvent.

Lorsqu'elle lui raconta leur promenade de la journée, il se promit cependant de ne pas la priver de la suite de cette causerie.

Le docteur reçut donc le matin le billet suivant:

« M. le docteur Gallien est invité à goûter chez son ami Perdriel, le..., à 4 heures. »

Et Marthe fut chargée d'envoyer des similaires à ses jeunes amies.

Le lendemain, « le couvert n'était pas mis sur un tapis de Turquie, » mais sur un gazon fleuri, dans le verger de l'ami Perdriel, lequel s'y était fait apporter sur son fauteuil, sans demander permission à personne.

Une table rustique était *ornée* de corbeilles de fruits, agréablement entourés, les uns de leur propre feuillage, les autres de mousse ou de fleurs. Le docteur en dérangea sans façon la symétrie pour réunir à sa guise ceux dont il avait besoin. Puis il permit de faire circuler tout ce qu'on voulut, et il apprécia en connaisseur les espèces qu'on lui présentait.

Vous dirai-je, jeunes lectrices, que dans ce vieux temps dont je vous parle, et que j'ai vu, on chantait à table et tout le monde chantait. Jeunes et vieux, voix gracieuses ou voix mal timbrées, peu importe, vous deviez chanter.

Quand vint le tour du vieux docteur, il proposa de chanter en *prose* les dons de Pomone et de Flore. Puis, sortant de son grand sac noir un album dessiné par Henri, il commença à y chercher une fleur de pommier ou de poirier, je ne sais trop laquelle fut choisie la première.

Toujours est-il qu'on put compter cinq pétales et distinguer de nombreuses étamines, le tout surmontant un gros calice en toupie, comme celui de la rose.

Marthe fit aussitôt ce rapprochement; mais le docteur ajouta : — Distinguons : chez la rose, vous avez plusieurs ovaires dans la grosse toupie, ici vous n'avez qu'un seul ovaire.

Tenez, continua-t-il, Madeleine m'a donné une des pommes de son vieux malade, parce que je lui ai promis de la remplacer par un citron, nous pourrons comprendre comment pommes et poires sont constituées.

Coupant alors la pomme en deux moitiés, il expliqua que la mince épaisseur de ce que nous nommons la peau était le calice dont les cinq petites dents du sommet se sont rapprochées sur le fruit, en ce qu'on nomme la rosette. Le calice est appliqué et soudé sur l'ovaire, qui est devenu la pulpe ou partie charnue du fruit. Mais l'ovaire était à cinq loges, vous les retrouverez dans ces cinq petits compartiments formés par des cloisons devenues cartilagineuses et renfermant chacun deux semences ou pépins.

Le coing et les cormes sont sur le même type, ajouta-t-il. Les baies d'aubépine et les alises s'en rapprochent, mais elles ont des noyaux pierreux au lieu de pépins, ainsi que les nèfles, qui s'en distinguent en ce que leur calice reste largement ouvert à son sommet, portant ses cinq folioles en couronne.

Toute cette division des rosacées se distingue par le nom de pomacées, à cause de la pomme qui en est le type.

Mais remarquons en passant que la pomme se dit en latin *malus*, et le mal *malum*.

— C'est bien nommé, s'avisa petite Marthe, puisqu'elle a causé tout le mal dans le monde.

— Ta ta ta, ma petite, c'est bien Mme Ève, la curieuse et l'orgueilleuse, qui a tout perdu.

— Et son mari trop complaisant, reprit le père de Marthe. Mesdemoiselles, n'usez de la bonté de vos maris que pour les conduire au bien.

— Passez-moi un abricot, demanda le docteur. Ici, plus de calice ; il est tombé. L'abricot est un ovaire nu dont le pourtour de la loge est devenu boiseux, c'est ce que vous appelez le

Cerisier

noyau. L'amande qu'il contient, c'est la graine. Elles devaient être deux au lieu d'une, mais la plus vigoureuse s'est emparée de toute la nourriture et de toute la place.

Quand les pêches seront venues à point, je vous dirai qu'elles ne diffèrent des abricots que par le noyau creusé de sillons entre-croisés au lieu d'être lisse. L'amande de nos amandiers est la sœur de nos pêches, avec cette différence que l'ovaire n'en devient pas charnu.

Cette belle division des rosacées est dite des amygdalées, de *amygdalus*, amande.

Aux prunes, maintenant, continua-t-il. En quoi ne sont-elles pas des abricots ? En ce que leur noyau est osseux.

Et j'en dis autant des cerises.

Ces sortes de fruits en baie succulente, à un seul noyau osseux, sont appelés des drupes, d'où cette autre division des rosacées est dite des drupacées.

Tous ces beaux fruits ne sont pas originaires de nos forêts, comme nos chênes druidiques, reprit le docteur. Si quelques pommiers s'y montrent spontanés, leurs fruits ne ressemblent guère aux belles espèces de nos tables, ni même à celles de nos celliers. Nous les devons aux soins persévérants de certains arboriculteurs.

Quant aux abricots, pêches, cerises, nous les tenons des Romains, qui les avaient rapportés de l'Asie comme profit de leurs longues guerres. Mais nous en avons aussi multiplié les espèces.

M. Perdriel, qui était meilleur tireur de perdrix que savant botaniste, s'avisa de demander si le raisin n'aurait pas son tour entre les beaux fruits, et il assura en avoir vu à Jersey de la grosseur et de la couleur de certaines prunes à peau d'un rouge brun.

— Laissez-moi rire, répondit son ami. Le raisin ne ressemble pas plus à des prunes ou à des cerises que sa fleur ne ressemble à leurs fleurs.

Ces grains de raisin sont des baies succulentes à nombreuses graines éparses dans la pulpe, et leurs petites fleurs n'ont rien des caractères des rosacées. Mais pour le fait d'avoir des grains qui ressemblent à des prunes, je le certifie, en attendant que je vous en montre des échantillons si vous voulez me prêter votre serre.

— Je n'ose vous parler des oranges, reprit l'ami Perdriel, après avoir accordé sa serre pour les essais du raisin de Jersey.

— Ah ! les oranges et les citrons ! Mais c'est encore bien loin des pomacées, des amygdalées et drupacées. Ce sont des fruits plus compliqués. Chaque côte ou quartier d'orange est une loge de l'ovaire formée par une feuille carpellaire (feuille à fruit), repliée dans le sens de sa longueur, bord à bord, avec les graines attachées le long de ces bords réunis au centre du fruit.

Mais nous marchons à reculons, continua-t-il. Les vignes et les orangers appartiennent à notre premier carré.

XXVI

LES PAPILLONS D'ANNETTE

Pois et genêts (famille des légumineuses-papilionacées)

— Excusez, Monsieur, vint dire Annette, abordant le docteur. La petite Marie-Ange de l'autre jour est bien malade, et sa mère dit qu'elle ne pourra plus marcher.

— A cause de son genou ? interrogea le docteur.

— Oui, Monsieur ; elle a un gros dépôt blanc sous le menton, et son genou est gros comme sa tête ; de façon qu'elle ne se démarche pas plus que son petit frère qui est dans le ber (berceau).

— J'irai, ma fille, j'irai tantôt. Quelle pitié que cette pauvre petite créature si intéressante et si exposée !

Puis il ajouta, se parlant à lui-même : Le bon Dieu la préserve ainsi de bien des dangers.

— Oh ! Monsieur, il n'y en a plus, dit Annette. M. Perdriel a fait tuer le loup du bois.

Le docteur donna une tape d'amitié sur la joue de la petite fille et il la suivit pour aller chez Marie-Ange.

En chemin, il poursuivait la pensée de l'herbier.

— Connais-tu la fleur des pois ? demanda-t-il à la fillette.

— Bien sûr, Monsieur, qui fleurissent tout blanc, depuis le bas jusqu'en haut des rames.

— Et les fleurs d'acacias ?

— On les ramasse comme de la neige dans notre courtil quand le vent les secoue.

— Tu connais aussi les fleurs de genêt ? sans doute.

— Bien sûr, Monsieur ; et les gousses de pois noirs qui viennent après les fleurs jaunes.

— Ce n'est pas de tout cela qu'il nous faut aujourd'hui, reprit le docteur ; c'est toutes les herbes des haies, des sentiers, des buissons qui ont la fleur faite comme celles des pois, des acacias et des genêts.

— Nous appelons tout cela des papillons, répondit Annette. Je vais vous en apporter de roses aussi.

— Oui, certainement ; et tu tâcheras qu'elles aient déjà quelques gousses de pois, comme tu les appelles.

— Oui, Monsieur, ça va bien grossir les paquets d'herbiers. Mais, ajouta-t-elle timidement, croyez-vous qu'il y en ait jamais assez pour faire le prix du voyage ?

— Sois tranquille, ma fille, tu le feras.

— Je rapporterai de l'eau à Marie-Ange pour qu'elle *remarche,* dit la petite fille.

— En attendant, apprends-lui à vouloir bien ne pas marcher, si le bon Dieu trouve meilleur de ne pas la guérir.

Le docteur fit sa visite du quartier, y compris la vieille aveugle qu'il trouva filant toujours devant sa porte.

Annette partit pour la chasse aux papillons blancs, jaunes et roses, etc. Le soir elle en avait sa charge.

— Elles étaient bien fraîches de leurs feuilles, dit-elle à Sylvaine, lui remettant son bouquet ; mais les voilà fermées pour dormir. Dites à Mademoiselle qu'elles se réveilleront au matin.

— J'en ai bien vu d'autres quand Monsieur faisait son

herbier, répondit la vieille bonne, et je ne m'amusais pas à vouloir les réveiller de force. Après qu'elles avaient dormi dans le papier, je les étalais comme je voulais, petites feuilles à petites feuilles.

— Porte tout cela chez le voisin du verger, dit le docteur, qui avait entendu la voix d'Annette. Il nous aidera pour ton voyage au besoin.

— En faut-il d'autres ? demanda l'enfant.

— Reviens demain, nous verrons, répondit-il. Tiens, voilà de l'eau pour Marie-Ange. Dis-lui surtout de prier Notre-Dame de Lourdes et de vouloir dans son cœur tout ce que la Providence décidera.

— Elle ne va pas mourir, au moins ? demanda l'enfant attristée.

— Il y a des vies plus tristes qu'une bonne mort, prononça le vieillard avec compassion, mais trop bas pour être entendu.

— Aurons-nous tout le monde ce soir ? demanda le docteur, entrant chez le voisin qui l'attendait sous le berceau de charmilles et de tilleuls.

— Je crois bien, répondit l'ami ; elles sont déjà à dépecer toutes les fleurs d'Annette pour vous surprendre par leur savoir.

— Toutes seules, elles n'y comprendront rien, affirma le docteur.

— Ah ! permettez, votre fils est là qui professe en vous attendant.

— Bon, bon ; je ne vais rien savoir pour qu'elles aient le plaisir de m'étonner, dit le docteur, se dirigeant vers la bande studieuse.

— Père, dit Henri, voulez-vous que nous portions cette gerbe fleurie près de M. Perdriel ? Il s'intéressera à ce que vous en expliquerez.

— Sans doute, fit le bon docteur.

Puis, avec une grande bonhomie, il commença à distribuer quelques fleurs aux jeunes filles.

— Combien de pétales ? demanda-t-il.

— Cinq pétales, répondit-on.

— Plutôt, objecta-t-il, ne trouvez-vous pas quatre pièces seulement ?

— Oui, s'empressa Marthe ; mais celle du bas qui ressemble à la carène de notre bateau est composée de deux pétales soudés ensemble.

— Très bien trouvé, reprit le docteur, pendant que les autres souriaient.

— Je ne vois pas les étamines au centre de la fleur, continua-t-il.

— C'est qu'elles sont couchées toutes dix dans la petite nacelle, répondit Marthe.

— C'est bien le compte, approuva encore le docteur. Mais, ajouta-t-il, et l'ovaire ?

— Il est enveloppé dans un lange que lui forment les filets des étamines.

— C'est bien savant, petite fille, dit le docteur.

Mais Marthe ne se déconcerta pas, et cherchant une fleur déjà fanée, elle ajouta, montrant une petite gousse qui commençait à se développer dans son lange : Voilà l'ovaire qui va devenir ce que M. Henri appelle un fruit, et que moi j'appellerais une gousse parce qu'elle ressemble à celle des pois.

— Ah ! M. Henri a donc expliqué tout cela, dit le docteur, faisant l'étonné ; très bien retenu sa leçon, ma petite Marthe.

Mais, ajouta-t-il, avez-vous eu le temps de regarder ce que devient le style qui était au sommet de l'ovaire ?

Personne ne répondait.

— Ne serait-ce pas, hasarda Madeleine, ce petit plumet blanc qui reste au bout de la gousse de pois, par exemple.

— C'est cela même. Mais qui me dira, continua-t-il, comment est constituée la gousse de toutes ces fleurs ?

— J'en étais là, dit Henri.

— Achève, répondit le grand-père, lui présentant de belles gousses bien développées.

Mais le jeune homme prit une feuille et la pliant en cornet

aplati : Voici, dit-il, comme la feuille carpellaire se plie en deux, bord à bord, et les graines naissent sur chacun des bords, en sorte qu'elles sont de deux rangs ; mais vous avez remarqué qu'elles alternent d'un bord à l'autre pour ne pas se gêner réciproquement.

— Mais, objectèrent plusieurs voix ensemble, si les graines sont attachées sur les bords de la feuille, comment se fait-il qu'en écossant des pois, nous les trouvons toujours au dos de la gousse ?

— C'est tout bonnement, reprit le docteur, que vous ouvrez au contraire vos gousses par le dos, en *effilant* la grosse

Indigotier

nervure qui règne tout le long de la feuille dont se forme la gousse. Et les deux bords épaissis en placentas restent soudés ensemble.

— Le petit pied vert que nous coupons au bas de la gousse des pois doit être le calice ? demanda Madeleine.

— Remarquez qu'il ne s'en détache pas librement, répondit le docteur. Toute cette famille est bien du carré des caliciflores.

— Famille des pois ? demanda Marthe.

— Famille des légumineuses, parce que le fruit que vous appelez une gousse porte le nom de légume.

— J'ai entendu, à propos d'une exposition horticole, dit M. Perdriel, une dame qui enfermait sous ce nom de légumineuses tous les légumes de son jardin.

— Ces demoiselles aimeront à savoir, dit Henri, que nos légumineuses indigènes sont dites des papilionacées, parce que leur fleur rappelle plus ou moins un papillon aux ailes demi-étendues.

Mimosa

— Il y a aussi beaucoup de papilionacées exotiques, ajouta le grand-père. De plus, entre les légumineuses étrangères, il y en a un grand nombre comme les mimosas, par exemple, dont la corolle est de cinq pétales réguliers, ce qui les rattache aux rosacées par les spirées, dont le fruit est aussi une petite gousse.

— Et ils ne sont pas des rosacées ? demanda-t-on.

— Non ; les mimosas n'ont que dix étamines et un seul ovaire, comme les papilionacées.

— Mais, voyez-vous, continua le docteur, toutes les familles se relient entre elles par certains côtés.

XXVII

VA-T-ELLE MOURIR ?

Carotte et ciguë (famille des ombellifères)

— Henri, venez voir Marthe, puisque votre grand-père n'est pas là, disait M. Perdriel s'appuyant péniblement sur une forte canne.

— Le digne homme, ajouta-t-il avec un peu d'humeur, on le trouve toujours hors de chez lui.

— Ses pauvres l'occupent beaucoup, répondit Henri.

— Mais venez, je vous le demande, insista le voisin. Marthe est glacée ; elle a des crampes, des douleurs d'entrailles. Avez-vous du choléra à l'Hôtel-Dieu ? demanda-t-il tout à coup.

— Pas le plus faible cas, assura le jeune homme, accompagnant le pauvre père inquiet.

Marthe était très malade ; l'apprenti docteur prescrivit ce qu'il put trouver de ranimants, de calmants : des frictions, du pavot, du lait. Puis il questionna sur ce qu'elle avait mangé au déjeuner.

— Un potage et des côtelettes, répondit le père.

— Et le potage s'est fait, peut-être, dans une casserole mal étamée ?

— Non, Monsieur, dans une casserole émaillée, répliquèrent la bonne et la cuisinière, qui étaient là, consternées.

Henri poursuivit l'interrogatoire.

— Il y avait des herbes sur vos côtelettes ?

— Du persil, répondit-on.

— Menez-moi voir votre persil, dit-il rapidement.

— J'en ai encore dans le panier, répondit la cuisinière, qui descendit le chercher en toute hâte.

Le père attendait anxieux. Marthe se plaignait douloureusement.

— C'est cela, prononça Henri, après l'examen du panier aux herbes. Empoisonnée par la petite ciguë mêlée à votre persil.

— Attendez, je reviens, leur jeta-t-il en sortant précipitamment.

Et il revint aussi vite, apportant de l'huile de ricin, dont il versa une forte dose dans le lait qu'on donnait à la malade. Puis une médecine abondante amena des vomissements. Enfin le vieux docteur arriva et approuva ce qu'on avait fait. Le père était consterné, la cuisinière se cachait le visage de ses mains.

— Mon Dieu, sauvez-la, disaient-ils tous en lui donnant leurs soins.

Le poison rejeté, au moins en partie, la crise diminua peu à peu ; le vieux docteur commença à espérer.

— Ce sera long, prononça-t-il, serrant la main de son vieil ami.

— La sauverez-vous ? fut tout ce que put répondre le père.

— Soignons-la et que Dieu la guérisse, dit le docteur, modifiant les paroles d'Ambroise Paré.

Quelques semaines plus tard, Marthe put venir remercier ses sauveurs.

— Vous souffriez beaucoup, pauvre enfant ? dit le docteur.

— Je crois que oui, répondit-elle ; mais je n'ai pas bien

conscience de ce qui s'est passé, le mal m'ôtait le sentiment.

— Docteur, j'ai promis à Dieu de payer le voyage d'Annette s'il me rendait ma fille, dit le père avec émotion.

Le docteur lui tendit la main sans parler.

Marthe sauta au cou de son père.

— Allons, revenons bien vite à nos herbes, dit le docteur ; il faut que je vous apprenne à ne pas prendre la petite ciguë pour du persil, ou la berle pour du cresson.

Bientôt donc, on se réunit dans le jardin pour y chercher le sujet de la leçon. Il ne fut pas difficile d'y trouver la même petite ciguë ou æthuse. Persil, cerfeuil, céleri, fleurs de carottes,

Carotte

fenouil, angélique, archangélique, prirent rang à ses côtés sur un long banc. Le docteur y ajouta la grande ciguë maculée, plusieurs œnanthes, la berle des ruisseaux et la grande berle qu'il avait récoltée dans sa promenade matinale. C'était un

mélange de plantes utiles, de plantes dangereuses et de plantes
à principes insignifiants.

Il en fit l'observation aux jeunes filles, en leur expliquant
que ces différences dans la vertu des ombellifères tiennent à la
proportion dans laquelle elles contiennent les différents principes qui leur sont propres.

C'est une famille dont il faut se défier, ajouta-t-il. Plusieurs
espèces sont mortelles, même malgré les soins de la faculté. Le
gros navet de l'œnanthe safrané, par exemple, a tenté plus
d'une fois des soldats affamés dans des campagnes sans ressources ; on les a trouvés morts dans d'atroces convulsions.

Vous savez toutes comment les magistrats d'Athènes empoi-
sonnèrent Socrate avec de la ciguë.

Mais à ce propos, reprit-il, selon l'histoire, Socrate sentit
la vie se glacer peu à peu, sans autre souffrance que ce sentiment d'un anéantissement progressif.

Mais la science remarque que des calmants assez puissants
pour éteindre l'effet violent de la ciguë avaient dû être mêlés
en forte dose au poison légal, sans quoi les souffrances eussent
été aiguës. Nous en savons quelque chose par notre petite
Marthe, bien que son accident ait été causé par une plante
moins funeste que la vraie ciguë.

— Toutes ces feuilles se ressemblent beaucoup, dit Madeleine, indiquant les plantes étalées sur le banc.

— Toutes les fleurs encore plus, répliqua le grand-père.
Aussi les différentes espèces sont-elles très difficiles à déter-
miner. Pour la plupart, il faut en étudier le fruit en petites
coques, si on veut les reconnaître avec certitude.

— Mais la fleur est composée de beaucoup de toutes petites
fleurs, prétendit Marthe.

— C'est-à-dire, répondit le docteur, que beaucoup de petites
fleurs sont réunies en petites ombelles placées au sommet de
pédoncules ou petits pieds (petites tiges), réunis eux-mêmes en
une ombelle principale comme vous le voyez dans les carottes,
les œnanthes, la ciguë, etc.; au pied de l'ombelle principale se

trouvent souvent de fines bractées, sortes de feuilles florales auxquelles on donne le nom d'involucre. Voyez cette tête de carotte. Les ombellules en sont aussi quelquefois pourvues ; voyez celles de la petite æthuse qui débordent les fleurs extérieures.

Chaque petite fleur se compose d'une corolle de cinq pièces dans un **tout** petit calice à cinq dents plus ou moins profondes avec cinq étamines et un ovaire à deux styles, lequel ovaire devient deux petites coques accolées ensemble dos à dos.

C'est de la disposition des fleurs en ombelles que la famille est dite des ombellifères (porte-ombelle).

XXVIII

LE SACRIFICE

Pâquerette, pissenlit, chardon (famille des composées)

M. Perdriel avait voulu laisser au docteur le plaisir d'apprendre à Annette que son voyage était assuré ; c'était une manière de le remercier de ses soins, et vraiment une manière venant du cœur.

Madeleine partit donc avec son père pour la joyeuse commission.

— Annette est chez Marie-Ange, dit la mère Nanon, les deux pauvres petites s'entr'aiment trop ; c'est triste pour la mienne, car Marie-Ange est bien malade ; pas vrai, Monsieur le docteur ?

— Elle languit, répondit-il ; et il proposa à sa fille de passer chez Marie-Ange.

La chaumière était enfouie entre des haies de rosiers fleuris, de sureaux, de chèvrefeuille, dont quelques rameaux essayaient même de pénétrer par la fenêtre souvent entr'ouverte. Des fleurs disposées sur la table autour d'un christ, entre des cierges, disaient qu'une pieuse cérémonie venait de s'accomplir.

La malade était restée recueillie, la tête penchée sur sa poitrine où résidait encore le Dieu qu'elle venait de recevoir ; et Annette disait pieusement son chapelet à genoux, près du lit de sa petite amie. La mère était retournée à son travail dans les champs. Au bruit des pas, Annette se leva, et ils l'emmenèrent vers la porte pour ne pas troubler l'autre enfant.

— Annette, M. Perdriel paiera ton pèlerinage à Lourdes, dit vivement Madeleine.

— Quel bonheur ! s'écria Annette ; puis baissant la tête, elle reprit tout embarrassée : Si je savais que Marie-Ange guérirait !

— Que ferais-tu ? demanda le docteur.

— Oh ! Monsieur, je vous demanderais de l'envoyer à ma place, acheva la petite fille en pleurant à sanglots.

— Que Dieu te bénisse pour ton bon cœur, prononça-t-il à demi-voix, comme si la malade dormait ; puis s'approchant du lit, il lui prit doucement la main.

— Je rêvais, dit l'enfant ; c'est bien mal de s'endormir si tôt après qu'on a reçu le bon Dieu ; mais je rêvais que j'étais dans le paradis.

— Pas encore, fut-il répondu.

Puis Annette, essuyant ses yeux, ajouta se penchant sur le lit : Voilà M. le docteur qui va t'envoyer à Lourdes, pour t'empêcher d'aller en paradis avant nous.

— C'est toi qui iras à Lourdes, reprit la malade, et tu prieras Notre-Dame pour que je me guérisse, si elle veut bien y aider.

— Moi, je ne suis pas malade, répliqua Annette ; tu conduiras ma grand'mère et elle te portera quand tu seras fatiguée.

— Accepté, dit le docteur, et les deux petites filles s'embrassèrent ; on pouvait se demander laquelle des deux faisait plaisir à l'autre.

En revenant, ni Madeleine ni le grand-père ne trouvaient à parler. Seulement, ils cueillaient des fleurs, et il y en avait beaucoup de celles qu'on cherchait en ce moment.

— Nous continuerons notre herbier pour qu'elles y aillent toutes deux, dit Madeleine.

— Oui, mais il faut laisser quelque temps à Annette le mérite de son sacrifice, répondit le docteur.

— D'ailleurs, père, je ne voudrais pas, quand même, abandonner cet herbier qui intéresse toutes mes amies. Elles apporteront tantôt autant de fleurs que nous, vous verrez.

Le tantôt, il ne vint personne. Une des jeunes filles faisait des confitures, une autre séchait la lessive avec sa mère, une troisième aidait son père à cueillir des fruits, etc., etc.; sans s'être entendues, elles manquèrent toutes ensemble et envoyèrent de gros bouquets pour cartes d'excuses.

Pâquerette

Qui fut attrapé ? ce fut Henri, qui aimait beaucoup les cau-. series de son grand-père, mais peut-être aussi celles des amies de sa sœur.

— Tant pis pour elles, dit-il cependant. Veux-tu, Madeleine, que nous classions leurs fleurs ?

— Si nous les mettions dans l'eau pour les conserver jusqu'à demain ? demanda la jeune fille.

— C'est ton affaire, répondit-il. Tiens, tu as bien trois grands vases, n'est-ce pas ? Ce sera commode pour nos trois grandes divisions des composées.

— Mais, reprit le grand-père, explique d'abord à ta sœur ce que c'est que les composées.

— Eh bien, Madeleine, dit son frère, donne-moi donc ta petite pelote de poche qui est toujours si bien plantée de beaucoup d'épingles.

Madeleine lui présenta sa mignonne petite pelote ronde et un peu aplatie.

— Permets, reprit son frère, et il enleva toutes les épingles pour les replanter ensuite en cercles concentriques très serrés.

Puis il ajouta : Au lieu de ta pelote suppose un petit disque charnu, plus ou moins épais, au lieu d'épingles, suppose, sur ce disque-réceptacle, des cercles de petites fleurs, fleurettes ou fleurons, comme il te plaira de les appeler; et tu auras ce que nous nommons des composées.

Là-dessus, prenant une large marguerite des champs, aux rayons blancs, au cœur jaune, il en fit tomber une pluie de petits fleurons. *Idem* pour un vieil artichaut aux fleurs violettes, oublié sur un carré du jardin. *Idem* encore pour un pissenlit qui fleurissait dans une allée.

— Tout cela ne se ressemble pas, trouva la jeune fille.

— Examinons en quoi elles diffèrent, répondit Henri; et reprenant les mêmes fleurs non dépecées, il fit remarquer à sa sœur que le cœur jaune de la marguerite est composé de très petits fleurons à corolle en tube court. Puis, détachant quelques-uns des rayons blancs de la circonférence, il lui montra que le petit tube de leur base se développe à son sommet en une languette relativement longue, sorte de pétale unique de chaque fleuron.

Ensuite, on reconnut que dans l'artichaut tous les fleurons sont en tubes, et dans le pissenlit, tous à languette.

— Voilà donc trois grandes divisions dans la nombreuse famille des composées, continua-t-il.

— Mais ce n'est pas tout, dit sa sœur; il y a bien d'autres pièces à étudier.

— Il ne faudra pas de loupe, répondit-il, pour distinguer dans notre artichaut les grosses folioles inbriquées qui entourent le dessous du plateau-réceptacle, lui formant ce qu'on appelle un involucre.

— C'est ce que nous nommons les feuilles d'artichaut ? demanda-t-elle.

— Justement ; et le fond, c'est le réceptacle dont nous détachons sur notre assiette les nombreuses fleurs en petits boutons entremêlés de poils ou paillettes que la cuisinière qualifie de *foin*.

— L'involucre de la marguerite n'est que de petites feuilles courtes, remarqua Madeleine, et celui du pissenlit, est de folioles allongées comme un calice général pour tous les fleurons ensemble.

— Chaque fleuron a son petit calice particulier, reprit Henri ; de même qu'il a cinq étamines et un style à deux branches, généralement divergentes, avec un ovaire unique que le petit calice finit par envelopper jusque par-dessus le sommet, en sorte que la graine est dite nue.

— Comme le blé, remarqua Madeleine.

— Et quelquefois, continua son frère, le calice déborde le sommet de l'ovaire en une sorte de petite couronne épaisse ou

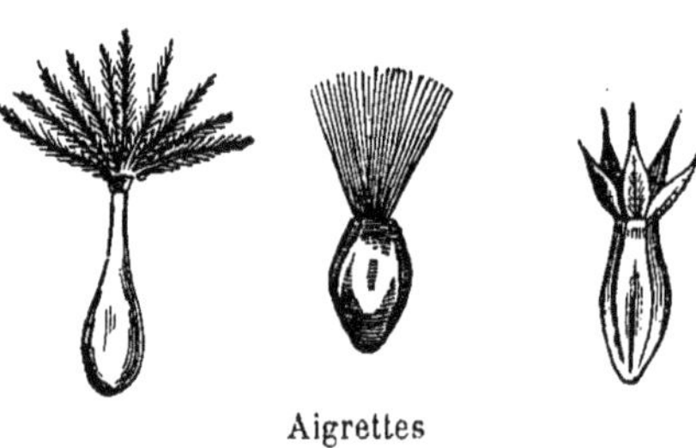

Aigrettes

membraneuse comme dans les marguerites, ou en une aigrette à poils simples comme dans le senneçon, ou étoilés comme dans le pissenlit, ou ramifiés, semblant tissés entre eux, comme dans le salsifis.

— Je ferai voir tout cela à nos absentes, dit Madeleine. Veux-tu, continua-t-elle, que nous séparions les fleurs en chaque vase, selon les trois grandes divisions? Ils les prirent une à une selon qu'elles se présentaient, et Henri disait simplement : premier vase, deuxième vase, troisième vase, pour que sa sœur sût où les placer.

— Mais chaque vase a un nom, je suppose? demanda-t-elle à la fin.

— Plusieurs noms, répondit-il, et il commença :

COMPOSÉES

Chardons	Marguerites	Chicorées
Cirses	Pâquerettes	Laitues
Artichauts	Soucis	Pissenlits
Bleuets	Chrysanthèmes	Senneçons
	Pyrèthres	
	Dalhias	
	Camomilles	
	Absinthes	

L'effet des vases n'était pas très gracieux ; toutes les composées ont le port raide et les têtes lourdes avec un feuillage peu élégant.

Madeleine entraîna son frère le long des haies, et elle cueillait des ombellifères à la tournure légère, avec un feuillage finement découpé. Les entremêlant aux fleurs des trois vases, elle en fit un très joli ensemble moins compact.

— Portons-les devant l'autel? proposa-t-elle à son frère.

Et chemin faisant, lui chargé des deux plus lourds, elle du moins encombrant, il lui expliquait que composées et ombellifères se rapprochent les unes des autres par le nombre des pièces de chaque fleur, par la réunion de nombreuses petites fleurs en un ensemble qui serait identique dans les deux familles, si celles des ombellifères étaient sans pédoncules, ou si celles des composées venaient à être pourvues de pédoncules. Il ajouta que l'involucre des composées peut être regardé comme la collerette modifiée des ombellifères.

Madeleine trouva le rapprochement un peu forcé, bien que son frère lui dît l'avoir entendu faire plus savamment au professeur de la faculté.

— Mais les qualités ? demanda-t-elle.

— Oh ! pour les qualités, plus de rapport entre les deux familles, répondit-il. Les composées sont toutes plus ou moins bienfaisantes, tonifiantes, restaurantes, ou au moins honnêtes en leurs vertus.

— C'est pour cela qu'elles portent si droit la tête ? prétendit la jeune fille.

— Pourtant tu penches la tête plus gracieusement, répliqua son frère.

Mais elle eut quelque peine à comprendre.

XXIX

LE CARRÉ DES COROLIFLORES

UNE VISITE A LA PAUVRE AVEUGLE

Mufliers et digitales (famille des personées)

— Madeleine ! appela le grand-père, mets ton chapeau-parapluie et accompagnons ton frère un peu de chemin.

Ils passaient sous les murs du jardin de Marthe, Henri y

cueillit quelques gueules-de-lion qui fleurissaient entre les pierres et sur le sommet du mur.

— Attendez-moi, dit Marthe ; voulez-vous m'emmener à votre promenade ? Père lit le journal sans s'occuper de moi.

— Attendez un peu, dit le père à son tour ; je marche assez bien maintenant pour vous suivre.

— Vous savez, commença Henri, le charmant dévouement d'Annette pour ce pèlerinage que vous lui offrez.

— C'est héroïque, répondit M. Perdriel ; mais Marthe m'a dit que la petite fille n'y perdra rien.

— Je trouve grand-père bien inflexible de ne pas le dire tout de suite à Annette, reprit Henri.

— J'aime à voir cette enfant savourer son sacrifice, répondit le docteur. Elle n'a pas eu seulement un bon mouvement ; elle a un dévouement soutenu, courageux. Vous verrez qu'elle est joyeuse et contente, sans aucun regret. Elle sera une femme forte.

— Et vos jeunes amies ne continuent pas leurs études botaniques ? demanda le père de Marthe, s'adressant à Madeleine.

— Elles n'ont pas le temps, dit la jeune fille.

— Pas le temps ! reprit son frère, parce qu'elles ont à se broder des colifichets, ou à changer la forme d'un corsage qui n'est plus selon le dernier journal des modes.

— J'ai toujours trouvé, répliqua M. Perdriel, qu'on se méprend en louant l'industrie des jeunes filles et des femmes qui modifient leurs robes, leurs volants et ornements, etc., etc.

— Ce n'est pas être laborieuses, dit le docteur ; c'est être coquettes, frivoles, inutiles. Alors elles méditent sur des combinaisons soi-disant économiques, comme font les pauvres tailleuses qui y sont obligées par métier ; leur esprit va se rétrécissant au lieu de se développer par de fortes lectures faites avec réflexion.

— Aussi, ajouta le père de Marthe, comment ces jeunes femmes élèvent-elles leurs enfants ?

On était au chemin de la vieille aveugle ; Henri continua celui qui conduit à Rennes.

La vache d'Annette paissait sur le bord du fossé une herbe déjà tondue plus d'une fois ; aussi de temps en temps essayait-elle de faire une échappée vers la barrière ouverte du champ voisin. Mais Annette accourait ; et de la voix et de la quenouille elle ramenait l'indiscrète à sa maigre pâture.

Et cependant elle chantait de cette voix perçante et traînante particulière à nos *pâtoures*. D'autres pâtoures ou pâtours y répondaient dans le lointain, chacun disant son couplet du cantique ou de la complainte.

— Bonjour, Annette, dirent Marthe et Madeleine.

— Bien obligée, répondit-elle, cessant de tourner son fuseau.

— Et ta grand'mère ?

— Pas pire.

— Et Marie-Ange ?

— *Plus pire* tous les jours.

— Nous allons la voir, reprirent les jeunes filles.

— Merci, dit la petite gardeuse de vache.

Non, Marie-Ange n'était pas pire, trouva le docteur ; le genou permettait même qu'elle s'assît à la porte, entre les rosiers et les chèvrefeuilles.

Une bonne visite, c'était une joie pour la pauvre enfant ; les jeunes filles lui parlèrent de Lourdes, elle semblait revivre d'avance.

— Tous ne guérissent pas, dit Madeleine.

— N'importe ; j'aurai toujours vu la grotte et la place où la bonne Vierge parlait. Je voudrais mourir et la voir.

— Mourir, c'est le moyen de la voir, dit le docteur qui se rapprochait.

Le retour se fit par un autre chemin que celui où Annette gardait sa vache ; ne fallait-il pas dire un bonjour à la vieille aveugle ?

Elle était toujours sur le banc de pierre, et cette fois elle épluchait des pois.

— Je m'accoutume à voir sans mes yeux, dit-elle aux arrivants. Mes doigts commencent à connaître beaucoup de choses.

— Ils ont tant travaillé, répondit Madeleine avec bonté.

— Voulez-vous voir le jardin, reprit la vieille femme.

— Donnez-moi votre main pour venir avec nous, dit Marthe.

— Et mes pois pour le dîner ?

— En revenant, nous les écosserons avec vous, répondirent les jeunes filles.

C'était charmant à voir, cette vieille femme aveugle, avec son costume de paysanne pauvre, au bras de ces deux jeunes filles fraîches de santé et de costume, leurs larges chapeaux à la main, pour ne pas gêner le visage de la pauvre femme.

Les pères regardaient avec émotion, remerciant Dieu dans leur cœur, puis ils se tendirent la main.

— Mon ami, dit M. Perdriel, Madeleine serait une belle-sœur qui tiendrait lieu de mère à ma fille.

— Henri serait trop heureux, répondit le grand-père. Mais sa position n'est pas faite.

— Laissons-les grandir, reprit le père de Marthe.

Que de fleurs ils rapportèrent de cette promenade ! mais elles étaient très diversifiées, Madeleine ne pouvait croire qu'elles se classaient toutes dans une même famille.

— Nous la placerons sur un nouveau carré, dit le grand-père. Elle n'est plus dans les caliciflores, mais bien dans les coroliflores, qui sont toutes à corolle monopétale (d'une seule pièce, ou plutôt de cinq pétales soudés en une seule corolle) avec les étamines soudées par leurs filets sur la paroi inté-rieure de la corolle qui est plus ou moins en gueule fermée.

— Cette famille est nommée des personées, continua-t-il.

— Ce qui veut dire fleur en visage ou masque, parce que les anciens nommaient persona le masque que les acteurs portaient sur le théâtre.

— C'est vrai, accorda Marthe ; la gueule-de-lion a l'air du bas d'un visage, mais d'un visage en gueule, elle est bien nommée. Et l'ouvrant, elle dit : quatre étamines de deux grandeurs.

— La cinquième avorte toujours, expliqua le docteur.

ACOTYLÉDONÉES	MONOCOTYLÉDONÉES

DICOTYLÉDONÉES

THALAMIFLORES	CALICIFLORES

	COROLIFLORES

— Un très long style, comme si la bête tirait la langue, reprit l'enfant.

— Il est planté sur un ovaire ovale, qui deviendra une capsule à graines nombreuses sortant par trois petits trous percés comme deux yeux et une bouche au sommet de la capsule, dit le docteur.

Puis il ajouta : les linaires, rhinanthes, digitales, emphraises sont aussi plus ou moins en gueule. N'oublions pas nos vigoureux polonias, les catalpas aux fleurs délicatement tintées de

Digitale

lilas clair, les bignonias grimpants dont la corolle se détache avant de se flétrir. Et au pied de ces arbres, les délicieuses véroniques (bien qu'elles n'aient que deux étamines), depuis l'espèce dite petit chêne à quatre pétales ouverts, dont les corolles bleu de ciel se détachent toutes fraîches quand vous les cueillez au printemps, jusqu'aux espèces vivaces, dont les petites fleurs en grappes dressées sont de petits cornets que dépassent les étamines.

XXX

UN MALADE

Sauges et Menthes (famille des labiées)

Les médecins peuvent être malades comme les simples mortels ; ils meurent aussi quelquefois, et souvent sans même savoir quel est le microbe qui est venu jeter le trouble dans leur organisme. Il est vrai que, le connussent-ils par son nom et par son genre de ravages, ils ignoreraient le plus souvent comment s'en défendre.

Le docteur Gallien fut donc malade à son tour, mais pas malade pour mourir, grâce à Dieu. Madeleine voulait lui préparer une tasse de menthe ; Sylvaine tint à honneur de ne pas lui en céder le droit, et la jeune fille comprit qu'il fallait même ne pas prendre celui de la présenter à son grand-père. C'était sage ; les petites rivalités de soins sont à respecter, elles naissent souvent d'une affection sincère et vraiment dévouée.

— J'ai cru que la menthe nous manquait, dit la jeune fille ; nous parlions d'y suppléer par de la camomille, ou du thé, ou du tilleul.

— Vous auriez mieux fait, répondit le docteur, de chercher quelque autre plante de la même famille que la menthe, comme la sauge, la mélisse, même le gléchome ou lierre terrestre de nos talus ; il y a plus de rapports entre leurs propriétés.

— Nous avons fini par retrouver quelques pieds de menthe dans le jardin, reprit la jeune fille, et j'ai voulu en étudier les petites fleurs, mais elles sont bien petites.

— Petit calice à cinq dents, dit le docteur ; petite corolle de cinq pièces un peu irrégulières, soudées en cornet peu évasé ;

quatre étamines, la cinquième avortant ; un ovaire à quatre loges se refermant sur les graines et finissant par se déchirer en quatre pièces par les cloisons des loges, en sorte que les graines semblent nues au fond du calice.

— Sans cela, remarqua Madeleine, tout ressemble aux personées.

— L'aspect général en est bien différent ; tige le plus souvent carrée, feuilles en anneaux ou verticilles plus ou moins espacées sur la tige ou quelquefois rapprochées en épi à son sommet ;

Menthe

fleurs aussi en verticilles, reposant pour ainsi dire sur ceux des feuilles ; odeur chaude et camphrée, propriétés stimulantes et antispasmodiques.

— Ce qui veut dire ? demanda Madeleine.

— Ce qui veut dire apaisante pour les révoltes des nerfs.

— Et le nom de la famille ? demanda encore la jeune fille.

— Famille des labiées, c'est-à-dire à lèvres, répondit le docteur ; parce que les sauges, lumiers, galéopsis et plusieurs autres groupes qui en font partie, ont vraiment comme deux lèvres.

— Alors elles ressemblent décidément aux personées, gueule-de-lion, rhinanthe et bien d'autres.

— Non ; dans les personées, les mâchoires sont fermées ; dans les labiées, les lèvres sont ouvertes.

On nomme aussi cette famille salviées, du nom des sauges, en latin *salvia,* salut, parce qu'on leur attribue des vertus qui *sauvent* la santé et la vie.

— Nos sauges des prés à jolies fleurs bleues ont-elles donc tant de vertu ?

— C'est surtout dans le Midi que les labiées ont des propriétés plus puissantes. Elles sont nombreuses dans nos provinces méridionales, et les abeilles y recueillent un miel bien supérieur à celui de nos autres régions.

— Le miel rosat, dit Madeleine.

— Ainsi nommé, reprit le père, non pour sa couleur qui est blanche, mais pour son parfum qu'on veut ainsi comparer à celui de la rose.

C'est pour la même raison qu'on appelle un certain petit arbrisseau de cette famille, qui se plait sur nos rivages maritimes du Midi, *ros marinus,* rose de mer, d'où nous avons fait romarin.

La lavande et l'hysope font aussi partie de cette famille que Virgile chantait comme chère aux abeilles.

C'est même du nom latin d'*abeille* que la mélisse a reçu le sien.

— Grand-père, vous vous fatiguerez, dit Madeleine ; cette causerie va détruire tout le bien qu'a pu faire l'infusion de Sylvaine.

— Bonne fille, répliqua le docteur, elle croit m'avoir sauvé la vie bien des fois, et toujours malgré moi, assure-t-elle.

Mais Sylvaine arrivait sur la pointe des pieds et elle gronda réellement pour l'imprudence que commettait Mademoiselle en ne laissant pas Monsieur ressentir l'effet de sa tisane salutaire, pour laquelle il fallait le silence et le repos.

XXXI

UNE AUTRE MALADE

Bourrache et myosotis (famille des borraginées)

Avez-vous entendu dire aux gardes-malades et autres qu'il n'y a jamais un seul malade dans une maison, et cela, sans qu'il s'agisse ni d'épidémie ni de contagion ?

Cela tient souvent à ce que les habitants d'une même maison, les membres d'une même famille, sont soumis aux mêmes influences extérieures, parfois au même régime. Cela peut tenir aussi à ce que les soins réclamés par certaines maladies sérieuses ou prolongées, fatiguent l'entourage prochain.

Ceci arriva pour celui du bon docteur, dont l'indisposition avait dégénéré en des fièvres sérieuses.

Sylvaine s'était multipliée la nuit comme le jour, se fiant rarement à Madeleine pour la laisser longtemps près du malade, qu'Henri avait seul le droit de veiller sans surveillance.

Aussi, lors de la convalescence du vieillard, Sylvaine dut se coucher à son tour, et elle accepta de grand cœur les soins de Madeleine, qu'elle proclamait la garde-malade par excellence, peut-être parce qu'elle la regardait comme son élève en la matière.

Marthe offrait parfois d'aider, sous la direction de Madeleine. Alors Henri les appelait ses petites sœurs de Charité, d'où Marthe conclut qu'il lui trouvait la vocation d'entrer au couvent, ce dont elle ne lui savait pas gré du tout.

La fluxion ne fut pas grave ; bientôt les deux docteurs ne prescrivirent plus que des précautions et quelques tisanes pectorales (pour le *pectus,* la poitrine).

Les deux jeunes filles les cueillaient toutes fraîches dans le jardin, oubliant d'abord de les regarder au point de vue de l'herbier, puis y prenant garde lorsque la malade cessa de les inquiéter.

La bourrache aux jolies étoiles bleues, au sommet de tiges à poils rudes, entre des feuilles rudement hérissées, fut la première qui attira leur attention.

— *Borrago officinalis,* dit le jeune futur docteur, famille des borraginées, se rattachant à celle des labiées par quatre graines nues au fond du calice.

— Mais bien différente par la corolle, trouvèrent les deux jeunes filles.

— Corolle régulière de cinq pétales, reprit-il, et cinq étamines refermées en dôme dans la bourrache, mais non pas dans toutes les borraginées, buglosses, cynoglosses, myosotis.

— Le doux myosotis à côté de la rude bourrache ? s'étonna Marthe.

— Comme une douce jeune fille peut être la sœur d'un frère peu maniable, répondit Henri en souriant.

— Comment dessécher ces feuilles peu maniables ? reprirent-elles.

— Et vous aurez une déception, dit le jeune homme. Elles vont d'abord se marquer de taches blanches, dues à de petites glandes nectarifères en sorte de mamelons qui viennent à s'écraser ; puis le reste de la feuille va devenir tout noir et racorni, quoi que vous fassiez.

— Et les myosotis aussi ?

— Et les plus jolis myosotis auront bientôt l'air de ces

momies que vous voyez dans nos musées d'antiquités égyptiennes.

— Ainsi des plus belles choses de ce monde, ajouta le vieux docteur qui rentrait ; ainsi de vos fraîches couleurs, jeunes filles qui m'écoutez.

— Mais, ajouta-t-il, avant de mettre en papier vos bourraches ou myosotis, remarquez, je vous prie, leur inflorescence ou disposition des fleurs, sur des cimes roulées en crosse, ou si vous voulez, en queue de scorpion.

Dans ces anneaux s'enfermant les uns les autres, les fleurs en boutons sur celui du centre, sont abrités sous le second anneau, qui est abrité sous le troisième, et ainsi de suite. A mesure que les fleurs s'épanouissent sur l'anneau le plus extérieur, il se déroule et s'allonge ; la même chose a lieu pour les suivants, jusqu'à ce que la cime finisse par être entièrement déroulée et dressée en une sorte de grappe simple ou d'épi.

XXXII

LE PETIT FRÈRE DE MARIE-ANGE

Les primevères (famille des primulacées)

Un jour bien radieux, sans nuages, ni vent ni soleil, Madeleine et Marthe s'en allèrent voir Marie-Ange, qui se levait quelquefois depuis un peu de mieux.

Elles la trouvèrent dans son jardin, sarclant les mauvaises herbes qui envahissaient les légumes. Pour des fleurs, il n'y en avait que sous les fenêtres, autour de la maisonnette aux roses.

La mère de Marie-Ange sarclait agenouillée, tandis que la jeune infirme ne pouvait que se courber, ce qui la fatiguait. Mais, disait-elle, les saints en souffraient de plus dures. Son petit frère dormait sur son tablier de toile qu'elle avait étendu sous les noisetiers; elle prétendait qu'il lui représentait son bon ange ou le petit Jésus.

Les saluts d'arrivée éveillèrent l'enfant, qui allait pleurer. Nos jeunes filles prirent à elles deux le tablier par les quatre coins, et les voilà balançant doucement ce berceau léger, pendant que le baby suçant son pouce grassouillet. se rendormait, à leur grande satisfaction.

Elles le déposèrent avec précaution là d'où elles l'avaient enlevé, puis explorant les buissons et le gazon de la haie sauvage qui enclosait le jardin, elles cherchaient, sans savoir ce qu'elles voulaient trouver.

— Plus de fleurs, disait Madeleine, mais beaucoup de pieds de primevères défleuries, au milieu de leurs feuilles qui commencent à se faner.

— Ne trouvez-vous pas, Madeleine, que leur long fourreau à cinq dents pointues ressemble à celui des œillets, sauf qu'il est marqué de cinq plis, tandis que celui des œillets est tout droit ?

— C'est vrai, répondit Madeleine ; est-ce que les primevères sont de la famille des œillets ?

— Je ne crois pas, reprit Marthe ; mais je ne sais pas trop pourquoi non.

— Voyons toujours si l'ovaire ressemble à celui des caryophyllées. Vous rappelez-vous, Marthe, un petit mamelon central auquel les graines sont attachées ?

Elles prirent chacune un calice de primevère défleurie, et le fendant avec une épingle elles dirent toutes deux ensemble :

— Justement, même petit mamelon.

— Placentation centrale, ajouta Madeleine, à qui ce détail donnait raison.

— Mais la fleur des primevères est tout d'une pièce comme

une roue, reprenait Marthe, et les œillets s'effeuillent en cinq
pétales, qui ont même une longue queue pointue, je me rappelle.

— Grand-père tranchera la question, répondit Madeleine.

Elles revinrent à la malade s'informer de ses nuits, de ses
repas.

La mère était rentrée avec le petit frère; les trois jeunes
filles se mirent à chanter pour égayer Marie-Ange, qui redisait
avec bonheur les cantiques ou les psaumes de ses jours d'autrefois, comme elle appelait le temps où elle pouvait aller à
l'église.

— Nous t'y conduirons, dit Marthe : papa ne se sert plus de sa
petite voiture, puisque le voilà guéri. Voulez-vous, Madeleine ?
dimanche nous roulerons Marie-Ange en voiture jusqu'à l'église.

Pendant qu'elles babillaient, le temps passait, et Sylvaine
attendait Mademoiselle pour sortir.

— Bonne, dit celle-ci au retour, Marthe a une excellente
idée, n'est-ce pas ? Elle a du cœur et je l'aime beaucoup.

— Je crois que votre grand-père et Mademoiselle ne sont pas
tout seuls à voir ses bonnes qualités, répondit la vieille nourrice avec un regard de malice.

— Je ne l'avais pas encore deviné, répondit Madeleine.

Au dîner, Henri était là. La question de la voiture fut redite
par sa sœur. Il promit son concours les jours où ce lui serait
possible.

Puis Madeleine raconta leur difficulté au sujet de la famille
des primevères.

— Le rapprochement est exact pour la disposition des
graines, répondit le docteur, mais le style est à une seule
branche.

Puis, vous l'avez remarqué, la corolle est monopétale, avec
les cinq étamines placées chacune devant un des cinq lobes de
la corolle, ce qui serait une contravention à la loi de l'alter-
nance, si...

— Je ne connais pas cette loi-là, dit Madeleine.

Le grand-père prit des prunes dans la corbeille du dessert et en plaça cinq en rond sur la table. Puis il prit cinq noisettes qu'il plaça en un rond intérieur, une noisette vis-à-vis l'intervalle entre chaque prune.

— De même que les noisettes alternent avec les prunes, dit-il, dans les fleurs, les pièces d'un verticille doivent alterner avec celles du verticille voisin ; si les étamines de nos primevères, continua-t-il, n'alternent pas avec les pétales, c'est qu'un autre verticille d'étamines, plus rapproché des pétales, est avorté ; et c'est avec celui-là que les étamines alternent en étant *vis-à-vis* les pétales et non *entre eux*.

— Je redirai cela à Marthe, dit la jeune fille.

— Dis-lui aussi, ajouta son frère, que les oreilles-d'ours aux fleurs de velours et les jolies lysimaques de nos fossés aux tiges traînantes garnies de petites feuilles rondes réunies par paires avec une petite fleur jaune d'or entre les feuilles, et la grande lysimaque aux amples grappes dressées de petites fleurs d'un même jaune, et le petit mouron rouge de nos cultures et de nos allées du jardin, sont encore des primulacées.

Mais, ajouta-t-il, qu'elle n'aille pas donner ce mouron-là à ses serins ; il n'est pas le frère du mouron blanc ou morgeline, petite stellaire, famille des caryophyllées, dont ils sont très friands et qui est une nourriture saine pour les oiseaux en cage, tandis que le vrai mouron des primulacées leur serait funeste.

— Et les autres primulacées, demanda Madeleine, faut-il s'en défier aussi ?

— Je ne crois pas, répondit le grand-père.

XXXIII

LA MÈRE DE MARIE-ANGE

La pomme de terre et la belladone (famille des solanées)

— Grand'mère a voulu venir voir M. le curé, dit Annette qui entrait, tenant la vieille aveugle par la main, et je l'amène aussi à M. le docteur.

— Bonjour, mère Nanon, dit affectueusement Sylvaine ; comme vous avez bonne mine, Annette a bien soin de vous.

— Pauvre enfant, répondit la vieille femme, elle vaut sa mère, dont Dieu ait la sainte âme ! Et vous, Mlle Sylvaine, vous êtes toujours aussi vaillante et bonne au pauvre monde ?

— Sommes-nous pas tous des chrétiens en chemin pour le paradis ? répliqua Sylvaine ; et puis, faudrait donc que je sois toute seule de mauvaise dans la maison ? il n'y a qu'à regarder et à faire comme eux.

— Oh ! le bon docteur, reprit Nanon ; Annette vient lui demander des remèdes pour Marie-Ange.

— Est-elle pire ? demanda Sylvaine tout en essuyant la table avec un coin de son tablier et y posant deux verres à côté du pain et de l'écuelle au beurre. Puis, sortant un petit *pichet* de terre à la main : Coupez toujours, dit-elle à Annette, je vais tirer du cidre tout frais.

Madeleine était rentrée de l'église ; elle était déjà devant ses coutures, visitant le linge pour le réparer, pliant et remettant en place à mesure que chaque morceau était prêt.

— Bonne, dit-elle par la fenêtre de sa petite chambre, grand-père est sorti de bonne heure et il ne rentre pas.

— Je croyais Mademoiselle avec lui, répondit Sylvaine.

Voulez-vous dire bonjour à la mère Nanon ? continua-t-elle.
Elle est venue voir M. le docteur.

— Et pour voir aussi mademoiselle Madeleine, dit Annette,
qui sortit sous la fenêtre pour répondre à son tour.

Madeleine descendit joyeuse, elle fit les honneurs du déjeuner,
on parla de Marie-Ange et le docteur rentra enfin.

Sur ce que lui dit Annette, il promit d'aller voir la petite
victime, et il se répétait : Faiblesse, appauvrissement, abcès
sur abcès, que voulez-vous qu'on fasse ? que voulez-vous qu'on
prescrive ?

L'après-midi, il se mit en route muni de quelques fioles, et
il prit le chemin de la maisonnette. Henri se trouva sur son
chemin, ils firent la visite à deux.

— Eh bien ? demanda Madeleine à leur retour.

— Eh bien, dirent-ils, le mal continue son œuvre peu à peu ;
mais elle se relèvera encore. C'est comme la lampe qui vacille
avant de s'éteindre faute de bonne huile ; mais sa mère est
atteinte d'une angine sérieuse, je viens de lui compter des
gouttes de teinture de belladone.

— Il faudra que tu ailles lui mesurer les autres doses, dit
Henri à sa sœur ; on ne peut laisser un tel médicament sous la
main de ces pauvres gens.

— Croyant se guérir plus vite, ils prendraient en une fois la
dose de trois jours, acheva le docteur.

— Mais, dit Madeleine, je ne peux pas comprendre comment
des substances dangereuses peuvent être des remèdes qui guérissent au lieu de faire du mal.

— Donnés avec prudence, ils produisent des effets modérés,
des sortes de révolutions pacifiques qui ramènent l'état normal.

— On croit maintenant, continua l'étudiant, frais initié aux
découvertes de M. Pasteur, que ces substances administrées à
des doses qui ne peuvent nuire au malade, agissent sur les
microbes qui causent la maladie.

— Ainsi, conclut le vieux docteur, les plantes les plus
funestes tournent à notre profit quand nous savons les utiliser.

Et n'en est-il pas de même, continua-t-il, pour tout ce qui existe ou arrive en ce monde ?

— Presque toutes les plantes de cette famille sont empoisonneuses et médicinales, reprit Henri, s'adressant à sa sœur; c'est pourquoi on les appelle des solanées, ce qui vient de *solatium,* consolation.

— Je pensais que ce nom signifie plutôt soleil, répondit la jeune fille, et j'allais te demander si les tournesols en font partie.

— Laisse-moi rire de ton idée, répondit son frère. Mais tu n'as donc jamais regardé un tournesol depuis que tu as fait

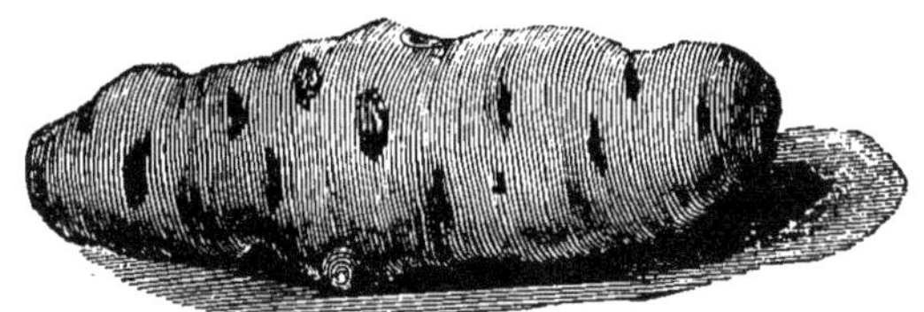

Pomme de terre

connaissance avec les marguerites et autres composées radiées?

— Voyons, dit le grand-père, prenons une fleur de ces pommes de terre pour l'étudier.

— Autre étonnement ! s'exclama Madêleine. Une famille d'empoisonneuses, et vous y classez la pomme de terre !

— Non pas la partie souterraine, avec ces grosses loupes qui se produisent sur les racines et qu'on appelle à tort des tubercules, mais tout ce qu'atteint la lumière, répartit son frère. La solanine, qui rend cette famille dangereuse, a besoin pour se développer de l'influence de la lumière.

— N'as-tu pas soin, petite ménagère, reprit le docteur, de bien enfermer ou couvrir tes pommes de terre après leur récolte, afin qu'elles ne verdissent pas ?

— Oui, répondit la jeune fille ; et si on y manque, elles deviennent détestables.

— Autant que malfaisantes, ajouta le frère.

— Cinq pétales pointus, reprit Madeleine, cinq étamines à grosses têtes réunies en un dôme conique comme celui de la bourrache.

— Mais, reprit le frère, au lieu de quatre graines nues au fond du calice, une grosse baie sphérique de couleur verte.

— Cette petite fleur de tomate qui donnera une énorme baie

Tabac

rouge, ces mignonnes fleurs de douce-amère en grappes dans nos buissons, et devenant de petites baies vertes, puis rouges, sont encore des solanées.

Les piments verts en capsules allongées que tu fais confire dans le vinaigre en font aussi partie.

— Et les cornichons ? demanda Madeleine ?

— Ils ne s'en rapprochent que dans le même bocal, répondit son frère, tout courroucé d'une pareille erreur.

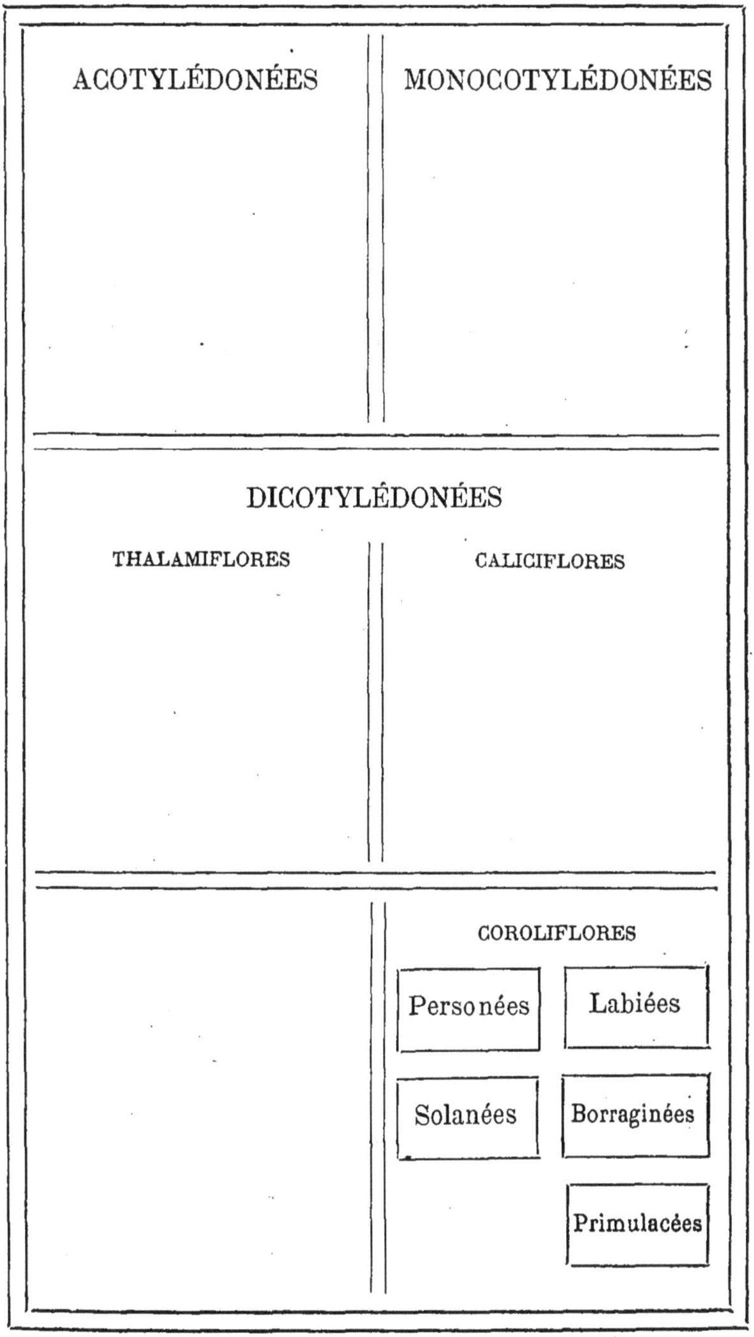

<table>
<tr><td colspan="2">ACOTYLÉDONÉES</td><td colspan="2">MONOCOTYLÉDONÉES</td></tr>
<tr><td colspan="4" align="center">DICOTYLÉDONÉES</td></tr>
<tr><td colspan="2" align="center">THALAMIFLORES</td><td colspan="2" align="center">CALICIFLORES</td></tr>
<tr><td colspan="2"></td><td colspan="2" align="center">COROLIFLORES</td></tr>
</table>

COROLIFLORES

Personées   Labiées

Solanées   Borraginées

Primulacées

— Mais, dit le grand-père, attends donc qu'elle les ait étudiés dans leur famille.

Puis il ajouta : Le plus dangereux est pour la fin : le datura à la longue corolle en cornet blanc avec un gros fruit en coque épineuse ; la jusquiame à la corolle de couleur fauve clair avec une capsule qui se fend par la moitié, et se décoiffe de sa partie supérieure comme ton coco à chapelet lorsque tu l'ouvres, sont des stupéfiants énergiques.

La belladone ou atropa, du nom de la Parque aux funestes ciseaux, et l'affreuse mandragore, dont le nom signifie plante des cavernes, portent de grosses baies noires que les enfants peuvent confondre avec certaines cerises et qui sont un poison mortel.

Toute la plante produit sur la vue et l'intelligence des effets sinistres causant d'étranges hallucinations qui font croire à des fantômes, à des apparitions, suspendent les fonctions de la vie ou les endorment pour jamais, selon les doses auxquelles on l'emploie.

— Je crois entendre une histoire de sorciers, dit Madeleine.

— Ils en usaient pour endormir et tromper leurs dupes, répondirent le grand-père et le petit-fils.

— Les cinq familles de ce troisième carré sont toutes mono-pétales, continua le docteur. On les dit *coroliflores,* parce que la corolle semble produire les étamines qui y sont soudées dans une partie de leur longueur.

XXXIV

LA JOIE D'ANNETTE

LE CARRÉ DES *monochlamydées*

— Ne t'occupe pas d'aller chez Marie-Ange, disait Henri à sa sœur ; je viens d'y entrer en passant.

— Merci, répondit-elle ; comment est sa mère ?

— Très bien soignée, ce me semble ; Mlle Marthe était là qui préparait sa tisane et donnait la bouillie au baby, la malade m'a dit qu'elle y va tous les jours.

— Ah ! la petite discrète, elle ne se vante point de ses obligeances, reprit Madeleine.

— Elle faisait cela aussi simplement que toi, continua son frère. Comme elle devient grande ! ajouta-t-il. Elle était bien plus jeune que moi quand nous jouions ensemble au cerceau dans la charmille de son père.

— Mais je crois qu'elle est encore restée la plus jeune, répondit sa sœur en souriant.

— J'aimais à la taquiner pour le plaisir de la défâcher ensuite ; je crois qu'elle m'en veut encore de ce temps-là. Mais, à propos, elle regrette beaucoup qu'on laisse Annette ignorer encore qu'elle fera aussi le voyage.

— J'attends que grand-père permette de tout dire, répondit Madeleine.

Henri alla trouver le grand-père, qui ne se souvenait plus d'avoir demandé le secret. Aussitôt le jeune homme de s'empresser à emmener sa sœur pour tout dire.

— Quel chemin prends-tu donc ? demanda-t-elle. N'allons-nous pas chez Annette ?

— En passant chez Mlle Marthe, répondit-il; ne veux-tu pas qu'elle jouisse du bonheur de la petite fille ?

Madeleine voulait tout ce qui faisait plaisir aux autres; elle trouva l'idée très bonne. Marthe se laissa emmener; on rencontra Annette qui se joignit à eux, conduisant sa grand-mère. Les voilà donc tous chez Marie-Ange, où le docteur venait de les précéder.

— Eh bien, leur dit-il, j'ai tout arrangé sans vous; c'est Marie-Ange qui a le secret.

— Annette, commença Marie-Ange, ils veulent tout de même que tu ailles à Lourdes.

— Je t'ai donné mon tour, répondit Annette, j'attends que tu nous reviennes guérie pour toujours.

— Ou bien que je reste là-bas pour toujours, reprit très bas la petite malade; je l'aimerais autant si vous me promettiez de ne pas vous faire de chagrin sur moi.

— Mais, se hâta de dire Marthe pour empêcher qu'on n'entendît, Marie-Ange veut dire que tu iras à Lourdes avec elle, ma petite Annette.

— On ne me prendra pas par-dessus le marché, répondit l'enfant.

— Crois-tu que nous ne travaillons plus à ton herbier? reprit Madeleine.

— Est-ce possible, malgré que M. Perdriel voulait bien payer mon voyage? demanda encore Annette.

Et lisant oui dans tous les yeux, elle embrassa Madeleine et Marthe, puis Henri et même le docteur, avec une petite révérence à chacun. Marie-Ange leur disait aussi merci pour elle et pour Annette, mais sa mère pleurait.

— Mère Nanon, disait-elle, vous me la ramènerez guérie, n'est-ce pas? Ma petite Annette, vous en aurez bien soin.

— Leur bon ange les accompagnera, dit le docteur en se dirigeant vers la porte.

Dieu sait qui reviendra, dit-il à demi-voix sur le seuil; puis il brusqua le départ.

Il se fit du chemin en silence ; chacun n'aurait voulu dire à quoi il pensait devant ces craintes et ces espérances.

M. Perdriel les aborda en leur racontant les joyeux exploits de Castor, lequel pendant ce temps *arrêtait* encore entre de petites gerbes de blé noir dressées en *poulettes,* c'est-à-dire mises sur pied pour achever de mûrir.

Henri en tira quelques brins tardivement en fleur, et les présentant aux jeunes filles : Voilà la famille du jour, dit-il.

— C'est vrai, reprit le docteur ; je viens d'écrire avant de sortir l'étiquette que nous placerons sur le tuteur du dernier carré à laquelle appartient cette famille.

— Alors elle n'est plus ni thalamiflore, ni caliciflore, ni coroliflore, s'informa Marthe.

— L'étiquette porte monochlamydées, répondit Henri. *Mono,* une seule...

— Une seule chlamyde, peut-être, devina sa sœur.

— Une chlamyde, un vêtement ? demanda Marthe.

— Précisément ; les fleurs ayant calice et corolle sont à double vêtement, répondit le docteur. Celles-ci n'ont que l'un ou l'autre, une seule enveloppe florale, autrement un périanthe simple (*périanthe,* autour de la fleur), ou, si vous le préférez, un périgone unique.

Un heureux coup de fusil venait de partir si près, que les jeunes filles s'arrêtèrent les mains sur leurs oreilles.

Castor revenait triomphant, et M. Perdriel le félicitait.

— J'aime mieux la chasse aux fleurs, dit Marthe devant la perdrix expirante.

— Je ne prendrai plus de port d'armes, se promit Henri, assez haut pour que Marthe l'entendit.

<table>
<tr><td colspan="2" align="center">ACOTYLÉDONÉES</td><td colspan="2" align="center">MONOCOTYLÉDONÉES</td></tr>
<tr><td colspan="4" align="center">DICOTYLÉDONÉES</td></tr>
<tr><td colspan="2" align="center">THALAMIFLORES</td><td colspan="2" align="center">CALICIFLORES</td></tr>
<tr><td colspan="2" align="center">MONOCHLAMYDÉES</td><td colspan="2" align="center">COROLIFLORES</td></tr>
<tr><td></td><td></td><td align="center">Personées</td><td align="center">Labiées</td></tr>
<tr><td></td><td></td><td align="center">Solanées</td><td align="center">Borraginées</td></tr>
<tr><td></td><td></td><td></td><td align="center">Primulacées</td></tr>
</table>

XXXV

DEUX COUVÉES

Blé noir et oseille (famille des polygonées)

— Voyons, dit le grand-père au retour, il faut poursuivre l'herbier d'Annette. Voici notre branche de blé noir ou sarrasin et un petit pied de parelle ou patience ; nous trouverons dans le jardin une tige d'oseille fleurie.

— Elle est toute *montée,* répondit Sylvaine qui entendait, et alla en couper quelques tiges.

— Tout cela de la même famille ? s'étonna Madeleine.

— Tout cela est à fruit en *polygone,* répondit le grand-père ; à fruit ayant plusieurs angles et plusieurs faces.

— Je comprends, dit Madeleine, c'est facile à voir sur les grains de blé noir.

— A la base de la petite coque polygonale, reprit le grand-père, tu vois les restes du périanthe simple ou périgone, que tu aurais appelé une corolle lorsqu'elle était dans sa fraîcheur, ou que tu aurais peut-être pris pour un calice sans corolle.

— Un seul ovaire ? demanda Madeleine ; mais combien d'étamines ?

— Dans cette famille, le nombre des étamines et celui des styles varient selon les espèces.

Les graines contiennent plus ou moins de fécule. Notre blé noir cultivé, *fagopyrum* (je mange le fruit), en fournit une abondante et nutritive que tu connais pour nos galettes et nos bouillies.

— Je ne vois pas bien distinctement les caractères de cette famille, dit Madeleine.

— Tu la reconnaîtras à son aspect général, reprit le docteur :

Tiges généralement cannelées ; feuilles alternes, c'est-à-dire distancées une à une le long de la tige, non découpées sur leurs bords, fendues à leur base en oreillettes qui embrassent leur petite tige ou pétiole, et pourvues au pied de ce pétiole d'une collerette membraneuse, dentelée à son sommet.

— Je les vois sur les tiges d'oseille, dit Madeleine.

— Le blé noir, sarrasin, *carabin,* est une renouée, reprit le grand-père ; l'oseille et la parelle sont des rumex, autre division des polygonées.

Dans les rumex, le périgone est à six divisions, dont les trois correspondantes aux faces de l'ovaire s'accroissent pour entourer le fruit en se soudant par leur nervure médiane sur le milieu de la face carpellaire, tandis que les bords de ces folioles du périgone restent libres, en sorte d'ailes généralement rougeâtres.

L'oseille diffère des parelles en ceci, que l'ovaire et les étamines sont sur des pieds différents.

— Voilà qui m'explique la différence entre ces deux tiges d'oseille, dit Madeleine, indiquant celles qu'on venait de leur apporter.

Il y eut un instant de silence pendant que la loupe interrogeait ces menues petites fleurs.

Sylvaine attendait, ne voulant pas interrompre, et empressée pourtant à dire une nouvelle.

— La couvée est éclose, jeta-t-elle à demi-voix.

— Marthe doit avoir aussi les siens, répondit Madeleine. Cent petits poussins peut-être, ajouta-t-elle.

— Vous verrez que les nôtres seront plus forts, dit la vieille bonne. D'ailleurs, si les siens éclosent, ils ne pourront toujours pas vivre, les pauvres petits, sans mère.

— Ecoutez, Sylvaine, essaya le bon docteur ; il y avait une pauvre femme qui faisait couver une poule et elle comptait sur le prix de ses petits poulets pour aider à payer sa ferme.

— Pauvre femme, dit Sylvaine.

— Un jour, la poule ne revint pas couver ; elle avait été

prise ou elle était tombée d'apoplexie foudroyante ; cela se voit quelquefois après les fatigues de l'incubation.

— Et les poulets périrent dans la coque, conclut Sylvaine.

— Alors la pauvre femme inventa une couveuse, continua le docteur, comme s'il n'avait pas entendu.

— Comme celle de Marthe ? demanda Madeleine.

— Non pas cette fois, reprit-il. Elle mit les œufs dans son lit, et elle resta couchée les quatre ou cinq jours qui devaient encore s'écouler avant l'éclosion.

— J'aime encore mieux la méthode de Mlle Marthe, dit Sylvaine.

— Attendez, nous y arriverons, poursuivit le docteur. Une autre fois, même accident. Mais la bonne femme avait eu le temps de réfléchir ; comme il fallait encore quinze jours avant d'avoir ses petits poulets, au lieu de s'aliter pour un si long temps elle rangea les œufs sur un morceau de drap dans un tiroir d'une vieille commode, puis elle mit des bouteilles d'eau chaude dans le tiroir supérieur, ayant bien soin de les renouveler autant qu'il était nécessaire pour entretenir une douce chaleur. Au bout de vingt et un jours, au matin, lorsqu'elle tira doucement le tiroir aux œufs, il y avait déjà de petits poulets qui piaulaient, d'autres qui avaient brisé la moitié de leur coquille pour sortir, d'autres qui travaillaient en dedans à la percer avec leur bec.

Eh bien, je vous demande, continua-t-il, pourquoi Marthe réussirait moins bien avec des couveuses perfectionnées.

— Allons voir, proposa Madeleine.

Le succès était complet. Non pas cent, cependant, mais soixante-quinze petits poulets pleins de vie étaient déjà passés de la couveuse dans l'éleveuse, où le même système de chaleur était employé. D'autres œufs en promettaient encore. Le docteur expliqua qu'ils devaient être moins frais, puisqu'ils étaient moins prompts à éclore.

Plusieurs amies incrédules arrivèrent successivement ; mais Marthe ne put satisfaire toutes les curiosités, c'eût été compromettre la vie des derniers à naître en les laissant refroidir.

— Les petits poussins ont donc mangé tout l'œuf, dit une des jeunes filles, voyant les coquilles vides brisées sur le sol autour de la couveuse.

— Non pas avec leur bec, répondit le docteur ; mais ils l'ont absorbé à la façon d'une éponge, par tous les points de leur corps, comme le germe de nos graines absorbe la substance qu'elles contiennent.

— Et ainsi le petit poulet a tout bu ? reprit une des amies.

— N'admirez-vous pas, répondit le docteur, que cette nourriture mise à sa portée, est mesurée tout juste pour suffire au développement de tout son corps jusqu'au degré nécessaire pour qu'il puisse se pourvoir ensuite ?

— Et tout à coup il se met à manger, même sans que sa mère le lui apprenne, remarqua Madeleine, devant l'éleveuse où les poussins picoraient avec activité des graines de mil.

— Mademoiselle, dit Sylvaine qui venait chercher le docteur pour une consultation, dites donc à Mlle Marthe que le mil est trop cher, le blé noir pour la volaille vaut tout autant.

— Merci, Sylvaine, répondit Marthe ; j'y reviendrai dans deux ou trois jours, mais les grains sont trop gros quand la mère n'est pas là pour les concasser avec son bec.

— Justement ; grand-père me disait aujourd'hui que le blé noir fournit une fécule très nourrissante pour les volailles, dit Madeleine.

— Ah ! vous faites toujours de la botanique, reprit une grande blonde à l'air indifférent. C'est trop long à apprendre.

— Tu essaies bien quatre heures par jour des valses sur ton piano, riposta petite Marthe.

— Oui, reprit la jeune blonde ; mais cela ne fatigue que mes doigts.

— C'est bien cela, reprit le docteur en sortant ; elles ne veulent pas exercer leur intelligence. Ne dirait-on pas que le bon Dieu les a créées machines à mécanisme ?

— N'oublions pas, dit-il à Madeleine sur la route, en se ravisant, que le blé noir contient un principe amer un peu résineux ; certaines autres renouées des fossés et des marécages sont âcres et brûlantes jusqu'à mériter le nom de poivre d'eau. Les rumex-parelles sont amères, leur grosse racine pivotante contient du soufre ; les rumex-oseille ont un suc acide.

— Quelle diversité ! répondit Madeleine.

— Ce sont toujours les mêmes principes, mais à doses différentes, expliqua le docteur.

———

XXXVI

DES INDUSTRIES DIFFÉRENTES

Betteraves et épinards (famille des chénopodées, ou ansérinées, ou atriplicées)

Tout en faisant sa cueillette d'épinards dans le jardin, Madeleine pensait.

On assure que les jeunes feuilles du blé noir, se disait-elle, peuvent remplacer les épinards pour nos tables, serait-ce donc de la même famille ? Cependant, s'objectait-elle, les tiges des épinards ne sont pas cannelées, les feuilles sont par paires et dentelées sur leurs bords, sans collerette à leur pied. D'ailleurs, ajoutait-elle, les épinards ne sont ni âcres, ni amers, ni acides. Conclusion, je vais demander à mes autorités.

En attendant, elle revint préparer le dîner ; c'était le jour des savonnages de Sylvaine.

Les petits poulets picoraient autour des cultures ; ils la suivirent à la maison, et elle leur jeta les miettes de pain qu'après
chaque repas on ramassait pour eux.

— Voilà ce que M. le docteur a mis chez Marie-Ange pour
que je l'apporte à Mademoiselle, vint dire Annette. Mais c'est
des feuilles sans fleurs, ajouta-t-elle.

— Petites grappes vertes comme mes épinards, se dit Madeleine.

Puis elle demanda des nouvelles de grand'mère, de Marie-Ange
et son petit frère, etc., etc. Les fleurs en petites grappes vertes
étaient oubliées quand le docteur rentra : mais lui s'en souvint.

— Famille peu attrayante, commença-t-il, malgré les feuilles
en pattes d'oie de plusieurs espèces, d'où on lui a donné ce nom
d'ansérinées ou de chénopodées, qui, l'un en latin, l'autre en grec,
signifie, en effet, patte d'oie. Les épinards, le Bon-Henri, les
aroches tétragones, nous donnent leurs feuilles douçâtres généralement appréciées, mais bien insipides, il faut l'avouer, si
l'apprêt ne les améliorait grandement.

Les betteraves ont bien une autre importance, continua-t-il.

— Même famille, avec leur gros navet ! se récria Madeleine.

— « Jusques à quand auras-tu donc des yeux pour ne pas
voir ? » répliqua son grand-père, et des oreilles pour ne pas
entendre.

Qu'importe la racine ? continua-t-il, tout est dans la fleur et
le fruit. As-tu regardé les petites fleurs de la betterave au
périgone d'un vert jaunâtre ?

— Jamais je n'en ai vu de fleuries, répondit la jeune fille.

— C'est vrai, reprit le grand-père ; on les utilise à leur première année d'existence, et elles ne portent leurs fleurs que la
seconde année.

Les fleurs sont très petites et ne se referment pas sur
l'ovaire, qui devient boiseux, avec des sillons irrégulièrement
prononcés.

Toutes les plantes de cette famille, continua-t-il, n'ont pas
les graines aussi dures.

Quelques espèces ont l'ovaire et les étamines sur des pieds différents, entre autres les épinards.

— Est-ce qu'elles sont toutes aussi douçâtres ? demanda Madeleine.

— Le principe sucré y est plus ou moins abondant, répondit le docteur. Du reste, tous les végétaux peuvent nous fournir du sucre. La question pour le leur demander est de savoir ceux qui le donnent cristallisable et en quantités rémunératrices.

Longtemps nos colonies ont eu le privilège de nous approvisionner du sucre de cannes, mais celui de nos betteraves le vaut bien.

— Avant que le sucre de canne fût connu ? demanda Madeleine.

— On employait le suc des plantes les plus sucrées, carottes ou autres, ainsi que le moût du raisin et même le miel, répondit le docteur.

Durant le blocus continental, alors que le commerce des mers n'était pas libre, Napoléon demanda aux savants de nous trouver du sucre ; c'est de là que datent nos sucreries françaises pour le sucre de betteraves.

De plus, comme les déchets du sucre produisent par la fermentation une abondante quantité d'alcool, nous eûmes bientôt des distilleries.

Les résidus ou pulpes, après avoir fourni sucre et alcool, furent utilisés à l'engraissement des bestiaux.

Et, d'un autre côté, les os et le sang des bestiaux employés à raffiner les sucres revinrent en engrais à l'agriculture, sous le nom de noir animal, et contribuèrent à produire de nouvelles betteraves pour les sucreries et distilleries.

Nos départements du Nord ont su profiter habilement de ces sources de richesse, continua le docteur. Pourquoi nos provinces de l'ouest sont-elles restées moins industrieuses ?

— Monsieur oublie que nous faisons du lait et du beurre, dit Sylvaine, qui enlevait le couvert parce que Mademoiselle écoutait son grand-père.

— Nos herbages sont si bons pour le lait, ajouta Madeleine.

— Comme pour le beurre, reprit la vieille bonne. Aussi, c'est péché de venir nous faire du fromage, comme si les mauvais pays ne pouvaient plus nous fournir. C'est pourquoi le beurre devient d'un prix qu'on n'ose plus en manger.

— Ah! c'est mal, Sylvaine, de ne pas applaudir à tout ce qui peut ajouter au bien général, répondit le docteur. Il faut que chacun sache oublier alors son intérêt particulier.

— Monsieur n'a jamais su que le bien des autres, dit-elle en sortant et d'un ton de pitié.

Puis revenant enlever la nappe, elle ajouta pour Madeleine : Quel digne homme tout de même ! Et dire qu'il n'a même pas la croix !

— Madeleine, dit le grand-père, il nous faudra dans cette famille, pour ton herbier, des soudes aux fleurs en grappes entre des feuilles charnues. Spontanées sur nos rivages du Croisic, elles sont cultivées en quelques-unes de nos provinces maritimes méridionales pour la soude que fournissent leurs cendres et qu'on emploie en grand dans la fabrication des savons.

<hr>

XXXVII

GUÉRIRA-T-ELLE ?

Chanvre et orties (famille des cannabinées ou urticées)

— Pourquoi n'arraches-tu qu'une partie de ton chanvre ? demanda Madeleine à la petite Annette qui, en effet, laissait çà et là des pieds de chanvre sur le terrain au bas du jardin.

— C'est que ceux-là nous donneront de la graine, répondit la petite fille ; ce sera pour la lampe cet hiver.

— Et les autres n'auraient pas donné de graine ?

— Ils n'en ont pas, dit l'enfant.

Madeleine se souvint des épinards, des asperges, etc., etc.

Examinant un des pieds de chanvre arrachés, elle reconnut que les petites fleurs vertes en grappes rameuses n'avaient que des étamines courtes et pendantes, sans ovaire, dans un périgone de cinq pièces très étalées.

Elle revint aux pieds conservés comme porte-graines.

Chanvre

L'ovaire, surmonté de deux styles, était au fond d'un périgone en petit tube fendu sur le côté et persistant autour d'une petite coque grisâtre qui est le fruit, mais sans se souder à ce fruit.

— Comment trouves-tu la petite Marie-Ange ? demandat-elle à son frère qui revenait de la voir.

— Bientôt elle ne portera plus que son dernier nom, répondit-il, pensant n'être pas compris d'Annette.

— Oh ! Monsieur, elle le mérite déjà, dit la petite accourant les mains jointes. Mais, je vous en prie, ne dites pas qu'elle va mourir ; vous n'avez donc pas confiance en la bonne Vierge ?

— Elle ira la prier, ma petite Annette. Sois tranquille, tu l'emmèneras, dit Madeleine de sa voix douce ; n'est-ce pas, Henri ?

— Notre-Dame de Lourdes sait bien ce qui est le meilleur, ne le crois-tu pas ? répondit le jeune homme.

— Je le crois, dirent ensemble les jeunes filles.

Annette reprit son travail et Madeleine s'occupa de son frère.

Il voulait lui faire analyser les fleurs du chanvre ; elle demanda où ses petites fleurs vertes devaient le faire classer.

— Comme il s'appelle cannabis, on a fait la famille des cannabinées.

Mais on fait entrer dans cette famille les orties ou *urticæ*, d'où on lui donne aussi le nom de urticées.

Enfin, comme le houblon ou *humulus* en fait aussi partie, on peut appeler cette famille du nom de humulacées.

— Les orties, j'y consens, dit Madeleine ; mais le houblon ?

— C'est par le houblon que nous aurions dû commencer, reprit son frère, décrochant avec une baguette des guirlandes de feuilles à lobes pointus comme ceux de la vigne, enlacées aux rameaux d'un buisson.

— Petites fleurs vertes en grappes, cinq étamines dans un périgone à cinq divisions. Je reconnais que c'est comme le chanvre, avoua Madeleine.

— Avec une différence pour les fleurs à ovaire, dit son frère, cherchant sur un autre buisson des guirlandes qui pussent en offrir.

— En petits paquets, encore comme celles du chanvre, prétendit Madeleine.

— Attends, reprit Henri ; au lieu d'être enfermé dans un périgone en petite bourse fendue, l'ovaire est au pied d'une mince foliole ouverte, qui a peut-être oublié de se fermer en petite bourse. L'ensemble de ces folioles attachées le long d'un petit axe commun, forme un cône, dans lequel toutes les folioles concourent à abriter les ovaires dépourvus de vrai périgone.

— Ce sont ces cônes effeuillés qu'on nous donne en tisane amère ? questionna Madeleine.

— Ils contiennent une résine stimulante et tonique qui s'en détache dans la macération.

— J'en ai souvent desséché et préparé pour les malades de grand-père, dit Madeleine ; mais je croyais traiter de petites feuilles ordinaires, jamais je n'avais vu les petits fruits qu'elles abritent.

— Quelque connaissance des plantes est plus agréable pour toi que pour beaucoup, dit son frère, puisque tu t'en occupes pour les malades. Du reste, toutes les femmes ont à leur portée des malades à soigner. Mlle Marthe, ajouta-t-il, sait en trouver quand elle n'en a pas chez elle.

Puis, revenant au houblon. Ce sont ces cônes qu'on emploie dans la fabrication de la bière, pour mieux la conserver et lui donner une saveur amère particulièrement agréable.

— Pourquoi y met-on aussi de l'orge ? demanda Madeleine.

— Pour le sucre qu'elle fournit, répondit son frère.

— Grand-père me disait bien hier que toutes les plantes contiennent du sucre.

— Ici, c'est une autre question, reprit Henri ; ce n'est pas que l'orge contienne naturellement beaucoup de sucre, tes tisanes d'orge ne sont pas sucrées ; mais pour la fabrication de la bière, on fait *germer* l'orge, ce qui transforme en sucre la fécule qu'elle contient.

C'est un peu de chimie comme il y en a partout, ajouta-t-il ; je t'en ferai voir plus tard en t'expliquant quelques opérations de la vie végétale.

— Tu es vraiment bien bon, dit Madeleine. Il n'y a pas de frère comme toi.

— Bah, répondit-il, si Mlle Marthe avait un frère, il serait comme moi avec elle. Tout dépend des sœurs.

— Mais, reprit la jeune fille, on a beau mettre du sucre d'orge dans la bière elle reste encore amère.

— J'oubliais de te dire, expliqua son frère, que le sucre y est recherché pour aider à une fermentation dans laquelle disparaît la saveur sucrée.

— Tu me donnes des lumières pour notre petite bière de ménage, dit Madeleine. Viennent des années sans pommes, je ferai des merveilles pour tous les pauvres gens.

— Voilà des orties pour finir d'étudier notre famille à trois noms, proposa Henri, comme ils rentraient dans la cour du vieux logis.

— Je vois encore des grappes vertes de petites fleurs à étamines, répondit Madeleine, et de petits paquets de fleurs à ovaire sur cet autre pied à côté.

— C'est la grande ortie, la plus commune ; ortie dioïque, nomma son frère, avec les fleurs différentes sur des pieds différents.

En d'autres espèces, ajouta-t-il, les fleurs différentes sont sur le même pied, mais en des grappes différentes ; en d'autres espèces encore, elles sont réunies sur la même grappe (petite ortie brûlante, ortie grièche).

En toutes, le périgone est à quatre divisions, avec quatre étamines roulées en spirale affaissée dans leur jeunesse, ce qui relie leur famille à une voisine dont la parenté va encore te faire crier à l'impossible.

Mais voilà grand-père.

— On fait de la toile d'orties, dit Madeleine, cherchant à rejoindre le docteur pendant qu'il tournait la maison sans les avoir aperçus.

— Oui, répondit Henri ; ses tiges sont à fibres textiles comme celles du chanvre, c'est encore un rapport de famille.

L'écorce des tiges d'ortie contient un peu de silice, ce qui les rend légèrement râpeuses. C'est pourquoi nos ménagères les préfèrent aux autres herbes pour le nettoyage de certains meubles et des parquets, tout en ignorant, bien entendu, pourquoi l'effet en est meilleur.

— Vous en êtes aux orties, reconnut le docteur les entendant.

— Et je viens de m'y piquer fortement, répondit Henri ; un peu plus et je vous demanderais le flacon à alcali.

— Comme pour les piqûres des abeilles, remarqua la jeune fille.

— La petite bourse ou venin est plus grande chez les abeilles, dit le grand-père ; mais autrement le mal serait à peu près le même par les orties, comme aussi le mécanisme qui le produit, ajouta-t-il.

— L'abeille perce avec son dard, dit Madeleine, pour avoir une explication.

— Le dard en perçant éprouve une certaine résistance qui le refoule contre un petit sac situé à sa base et dont le suc s'écoule par le conduit creux du dard dans la blessure qui vient d'être faite, répondit son frère.

— Et de même pour le poil des orties, ajouta le grand-père.

— Et de même encore pour la dent des serpents à venin, continua Henri. Aussi, brisez-leur la dent qui correspond au funeste petit sac, et leur morsure cesse d'être dangereuse, continua-t-il. C'est ce que savent les sorciers indiens et autres qui jouent en public avec des serpents prétendus charmés.

— Mais que fait l'alcali pour les piqûres de guêpes ou d'abeilles ? demanda encore Madeleine.

— Il produit une légère cautérisation qui suspend la fonction des menus vaisseaux par lesquels le venin entrerait dans la circulation, répondit l'apprenti docteur.

XXXVIII

-LES DEUX PÈRES

Mûrier et figuier (famille des morées)

— O ver, à qui je dois mes plus beaux ornements, se récitait Henri, à cheval sur la haute branche d'un mûrier, tout en cueillant, dans une petite corbeille, des mûres auxquelles il goûtait quelquefois.

— Bonjour, docteur, disait en bas la voix de M. Perdriel, s'adressant à son vieil ami ; Marthe vient demander à Madeleine comment elle fait ses confitures de mûres, qu'Henri assure être très bonnes.

— Madeleine a toutes sortes de recettes sur un précieux petit cahier, répondit le docteur ; laissons-les s'en arranger. Quant à Henri, voyez-vous, continua-t-il plus bas, il ne se doute pas de vos bonnes intentions pour lui ; cependant j'observe tout doucement que la jeune fille tient beaucoup de place dans ses pensées.

— Tant mieux, mon cher ; je crois que Marthe l'apprécie.

— Laissons-les grandir, redit le docteur comme la première fois. Prenons garde que les études ne soient troublées, il n'aura que ses succès à offrir.

— Henri, où est Henri ? appela la voix de Madeleine ; Marthe voudrait savoir des nouvelles de notre petite malade.

Personne n'avait vu Henri ; il ne se montra qu'à l'heure du déjeuner, et il n'osa dire à personne ce qu'il avait entendu du haut de son mûrier, et bien sans le vouloir.

— Tu es bien gentil de nous avoir cueilli des mûres, lui dit Madeleine lorsqu'il les apporta sur la table ; j'aurais voulu les avoir il y a une heure pour les offrir à Marthe. Elle n'en a que de blanches, qui mûrissent moins bien.

— Portez-les tantôt, dit le docteur.

Mais Henri s'en excusa avec embarras, sur ce qu'il devait repartir.

— Me serais-je trompé? se disait le grand-père. Mais non, se répondit-il, c'est qu'il aime le travail.

— J'ai expliqué à Marthe nos familles vertes, reprit Madeleine; et j'ai promis de lui dire quelle est celle dont Henri prétend que la parenté avec nos humbles familles doit me paraître si impossible.

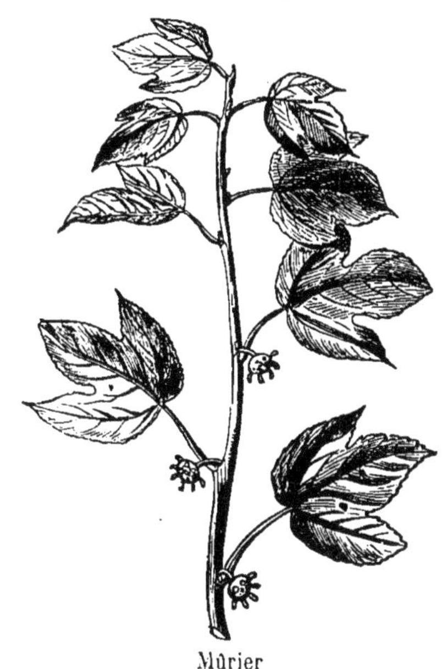

Mûrier

— Ainsi, je lui fais la leçon *sans m'en douter,* reprit Henri, souriant dans sa pensée à cette expression de son grand-père à M. Perdriel.

— Eh bien, continua-t-il, cette famille c'est celle qui est ici présente en la personne de nos mûres.

Petites grappes, de petites fleurs à périgone de quatre divisions, continua-t-il, avec quatre étamines enroulées dans leur jeunesse et se déroulant avec élasticité comme celles des orties, ce qui secoue vivement la poussière de leurs loges et la lance comme une pluie de soufre sur le feuillage environnant et sur les petits bouquets de fleurs à ovaire, qui sont réunies autour d'un petit réceptacle grêle comme celles du houblon, avec cette différence...

— Oh ! interrompit Madeleine, tu professes trop *fluently,* je m'y perds.

— Tu m'as dit que je professe pour deux élèves, répondit le jeune homme ; elles valent bien la peine que je soigne mon cours.

Allons, continua-t-il, tu as bien compris, excepté peut-être les petites fleurs à ovaire ; mais passe-moi, s'il te plaît, une de nos mûres. Enlève avec ta fourchette ou une épingle ce qui est mangeable ; que te reste-t-il ?

— Comme un gros fil court auquel le reste était fixé.

— Ce gros fil court, c'est le réceptacle grêle auquel étaient fixées les fleurs à ovaire.

— Ah ! je comprends : et chaque ovaire a grossi, il est devenu une petite baie pleine de jus.

— Une baie succulente, pleine de *suc,* rectifia le frère.

— Et ces petites baies se rejoignant et se collant les unes aux autres, continua Madeleine, ont formé la mûre. C'est comme la mûre des ronces. Je comprends.

— Mais dans la mûre des ronces, fit observer le jeune professeur, tous les ovaires réunis en une baie composée appartenaient à une même fleur, tandis que la mûre du mûrier provient d'autant de petites fleurs à un seul ovaire qu'il y a de petites baies dans la baie composée.

— Je ne prenais pas garde à cette différence, avoua Madeleine.

— Le maclura épineux, dont le gros fruit rappelle une orange verte, à écorce fortement rugueuse, est tout voisin du mûrier, ajouta le docteur.

— Je ne m'en doutais pas, répondit Henri.

— Je devine, dit Madeleine ; ses petites baies sont toutes petites, elles restent dures et s'accolent toutes ensemble pour former ce gros fruit. En sorte que ce sont les petites baies extérieures elles-mêmes qui semblent les rugosités d'une écorce.

— Comme Madeleine est perspicace ! s'étonna Henri.

— Voyons si elle devinera aussi comment se produit une figue, essaya le grand-père.

— Encore cette parenté ? demanda la jeune fille. Mais je n'ai jamais vu les fleurs du figuier.

— Ni moi non plus, dirent ensemble les deux docteurs.

— Mais vous savez comment elles sont faites ?

— Il y a de très petites fleurs à étamines placées un peu au-dessus d'autres petites fleurs qui ont un très petit ovaire, devenant une très petite coque pierreuse, dit le grand-père.

— Mais où se cachent-elles ces fleurs pour que vous ne les ayez jamais vues ? demanda Madeleine.

— Dans une grosse boîte en forme de poire, où elles ne respirent que par un petit soupirail pratiqué à son sommet, répondit son frère.

— Elles ne sont pas *dans* la figue ? dit la jeune fille avec une interrogation.

— Voici, dit le docteur, fendant une figue et la retournant de manière que la peau était en dedans et la pulpe en dessus.

— Je vois maintenant, accorda Madeleine ; les fleurs sont dans la figue comme les ovaires dans la rose.

— A peu près, reprit le grand-père ; mais vois-tu le rapport avec la mûre ?

— Pas trop ; dans la figue, c'est le réceptacle qui devient un fruit.

— Cependant, reprit le grand-père, les petits ovaires font aussi chacun un fruit en petite coque. S'ils étaient extérieurs et qu'ils devinssent de petites baies accolées ensemble, ne feraient-ils pas une grosse mûre ou une grosse pomme comme celle du maclura ?

— C'est difficile à deviner, dit la jeune fille.

— Les figuiers ont un suc laiteux, reprit le grand-père ; certaines espèces nous fournissent par écoulement cette substance gommeuse qui se durcit à l'air en restant élastique et que nous employons comme imperméable à l'eau. C'est le caoutchouc.

Mais d'autres plantes de la famille prochaine en produisent aussi.

L'écorce du figuier a des fibres qui pourraient être utilisées comme textiles, ce qui le relie encore aux mûriers, orties et chanvres.

— N'oublions pas que les feuilles du mûrier contiennent un principe qu'on pourrait aussi appeler textile, hasarda Henri, puisqu'il fournit aux bombyx la matière dont ils filent leur soie.

— Quand j'étais enfant, reprit sa sœur, j'ai essayé d'en nourrir avec des feuilles de cassis : ils les mangeaient très bien pendant un certain temps, mais le fil de leurs cocons n'était pas solide, je ne pouvais le dévider.

— Un autre bombyx, qui se nourrit des feuilles de l'ailante, file une soie très solide, mais moins fine et moins lustrée, poursuivit le grand-père. D'ailleurs, cet arbre atteint trop rapidement une taille qui ne permet plus d'en cueillir les feuilles.

On a bien essayé de laisser les bombyx y vivre en liberté ; autre inconvénient : les oiseaux s'en repaissent sans nul souci des propriétaires.

— On dit que c'est avec l'écorce et les feuilles du mûrier broussonnette, petit arbuste chinois ou japonais, je ne sais plus lequel, dit Henri, qu'on fabrique le papier soyeux sur lequel les habiles de ces peuples peignent avec des couleurs si vives.

— Avec ces feuilles et écorces réduites en pâte, reprit le grand-père, ils font aussi des sortes d'étoffes, non tissées, assez solides pour qu'on les emploie en vêtements qui peuvent servir pendant plusieurs générations.

— Aux jours de cérémonie assurément, supposa Madeleine.

XXXIX

L'HEURE SUPRÊME

Euphorbes et ricin (famille des euphorbiacées)

Il y avait dans la cour du docteur des expositions chaudes et bien abritées où on avait planté des ricins (palma Christi), que Madeleine admirait pour leurs feuilles si amples, avec de larges et profondes découpures qui les font ressembler à une main géante, de sept doigts largement ouverts.

Marthe s'avisa d'en demander des graines à Madeleine pour la purgation que son grand-père venait d'ordonner à la vieille Nanon.

Là-dessus, le bon docteur leur expliqua qu'il avait prescrit non pas les graines, mais l'huile que fournissent les graines, laquelle huile n'existe que dans le germe, tandis que le reste de la graine peut être alimentaire.

Il alla dans sa pharmacie chercher un peu de cette huile qu'on nous envoie de pays plus chauds, et avant que les jeunes filles prissent le chemin de la maisonnette du bois, il les ramena devant ses ricins pour les leur faire étudier.

— Voyez, leur dit-il, ces petites grappes rameuses portent à leur base de toutes petites fleurs jaunâtres avec de nombreuses étamines, tandis que celles du sommet ont un ovaire surmonté de trois styles colorés.

— Voilà déjà des ovaires très gros, remarqua Marthe; ils ont l'air de petites châtaignes épineuses, mais non piquantes, ajouta-t-elle après les avoir touchées.

— Ces petites coques sont à trois loges, avec une graine à chaque loge, reprit le grand-père.

— Les graines ressemblent à nos haricots bariolés, dit Madeleine, excepté qu'elles ne sont arrondies que d'un bout et qu'elles se rétrécissent à l'autre comme un petit sac serré par le haut.

— Ce haut porte la cicatrice du point par lequel il était attaché à l'ovaire, fit remarquer le docteur. Les haricots en sont marqués au milieu de la face opposée à leur courbure dorsale.

— Et c'est ce petit ver qui donne l'huile que voici, reprit Marthe, ouvrant une des graines pour voir le petit germe qu'elle renferme.

— A côté du ricin, voici le buis, dit encore le docteur. Deux espèces de fleurs, et celles à ovaire encore à trois loges ; mais au lieu de tubercules épineux chacune porte seulement une corne retournée en dehors, en sorte que le fruit est à trois pointes ou cornes à son sommet.

Mais voici, continua-t-il, l'euphorbe épurge qui lance jusqu'à nous ses petites graines, comme des projectiles de guerre.

Marthe rit de l'idée et demanda comment l'épurge est munie d'un pistolet pour cet exercice.

— La chaleur qui pénètre dans ses petites capsules, à travers les pores de leur enveloppe, dilate l'air qu'elles contiennent, expliqua le docteur. La coque éclate brusquement et les graines qu'elle contient sont lancées au loin par la force de l'air comprimé.

— Les fleurs de l'épurge me paraissent être toutes complètes, dit Madeleine ; mais au milieu des étamines voilà un long filament comme une queue grêle, au bout de laquelle pend une petite boule à trois côtes surmontée de trois petits fils qui doivent être les styles, si la petite boule est l'ovaire.

— Tout cela est exact, répondit son grand-père. Certains auteurs veulent voir dans ceci deux fleurs ; dont l'une à étamines, l'autre à ovaire. En tout cas, cherchons la corolle, ou calice, ou périgone.

— C'est cette petite coupe verte de trois pièces que déborde l'ovaire, dirent les jeunes filles.

— Non ; cette sorte de coupe est de trois feuilles florales ou bractées, enfermant d'autres très petites coupes verdâtres qui sont les périgones.

— Il y a de très nombreuses espèces d'euphorbes, continuat-il. Toutes ont un suc laiteux, âcre, dont il faut se défier. Cependant les habitants de la campagne cultivent celle que nous venons d'observer et l'emploient comme purgatif pour eux et pour leurs troupeaux, d'où lui vient ce nom d'épurge.

Mais partez, ajouta-t-il. Annette doit être rentrée pour administrer le ricin.

— Nous la remplacerons au besoin, dirent les deux amies, s'éloignant alertes et joyeuses.

Tous les jours elles durent continuer leur visite ; la pauvre femme devint très malade, et Annette ne pouvait suffire à la soigner, avec la vache à garder sur la lande et le lait à porter chez les voisins.

Sylvaine se prêta à l'aider ; Henri accompagna plus d'une fois les jeunes filles. Heureux ceux qu'unit ainsi une pensée de bienfaisance !

Cependant le temps du pèlerinage approchait ; double inquiétude pour Annette et pour la grand'mère.

Pourtant la pauvre femme était chrétienne, elle n'avait pas peur de mourir, mais elle voulait y être préparée. Tous les jours elle demandait s'il n'était pas temps, et M. le curé consultait le docteur.

Un jour on crut que le moment était venu : elle remercia, et se prépara.

Pendant ce temps-là, Madeleine et Marthe ornaient de leur mieux la petite table qui allait devenir un autel ; Annette les aidait, osant à peine pleurer.

Bientôt on entendit la petite clochette qui tintait sur la route. C'était Henri qui la balançait d'une main, portant de l'autre un haut flambeau, devant Celui qui est la lumière de vie.

Lorsqu'il entra sous le pauvre toit, l'émotion religieuse domina les sentiments humains. La vieille femme et la petite fille s'oublièrent réciproquement. La majesté de Dieu planait au-dessus de toutes choses.

A quelques jours de là, Henri trouva que le mal diminuait ; le sommeil revint un peu, les forces reprenaient ; il assura que tout se remettrait.

Nanon avait accepté la mort ; elle trouva de la reconnaissance pour le Maître de la vie et pour ceux qui l'avaient aidée à se guérir.

Pauvre Annette, elle comprit combien elle eût pleuré sa grand'mère. Sa joie était plus grande que n'avaient été ses inquiétudes ; c'est habituel à cet âge. Plus tard, les inquiétudes ont plus de force, et la joie en a moins.

XL

LE SECRET DE MADELEINE

Le chêne et le châtaignier (famille des amentacées cupulifères)

L'herbier se continuait toujours par les soins communs. Il contenait déjà plus de trois cents plantes, bien rangées en familles par Madeleine, avec le nom de l'espèce écrit par Henri, d'après renseignements du grand-père.

Cependant la mi-août approchait. A la campagne c'est la fête des jeunes filles.

Plusieurs jours à l'avance elles se réunissent pour cueillir la mousse des bois et en tresser des guirlandes dont les jeunes gens décoreront l'église et les rues, et la petite chapelle où se rend la procession. Puis, la veille, tous les jardins envoient leur tribut ; tous les enfants arrivent chargés de fleurs et disparaissant sous des masses de feuillages empruntés aux buissons des haies.

Les petites filles des écoles, ouvrant la procession sous la surveillance des sœurs, élèvent leur blanche bannière aux rubans flottants, que maintiennent les plus jeunes.

De plus grandes jeunes filles en longs voiles blancs ou en coiffes aux longues barbes, portent sur un brancard orné de fleurs la statue de Marie.

Le prêtre en surplis, les chantres et les jeunes acolytes suivent avec la croix d'argent, chantant des hymnes auxquelles répond la foule serrée et recueillie.

Ce sont d'abord les hommes, que les femmes sont fières de voir nombreux.

Puis notre vieille Nanon est entre Sylvaine et Annette, si bien conduite qu'elle semble n'être plus aveugle.

Derrière elles, Marie-Ange, qui prie comme au ciel, est suivie de sa mère portant dans ses bras le petit frère au regard étonné.

Entre les hymnes on chante des cantiques ou les litanies, on récite pieusement le chapelet ; chacun expose ses vœux à la Vierge, et au retour à l'église la bénédiction semble promettre qu'ils seront exaucés.

— Qu'as-tu demandé à ta sainte patronne ? dit Henri à sa sœur, car elle se nommait aussi Marie.

— Que la meilleure part me fût laissée, répondit-elle, sans s'expliquer autrement.

— Je m'en doutais depuis longtemps, dit-il. Au moins pas de si tôt, n'est-ce pas ? ajouta-t-il avec affection.

— Pas avant que tu aies donné à notre grand-père une autre fille pour me remplacer, promit-elle.

Puis elle ajouta : Ne l'afflige pas de ce secret, il ne le soupçonne pas.

— Soupçonnes-tu le mien ? demanda Henri timidement.

— Je prie pour que cet espoir se réalise, répondit-elle.

— Merci, dit-il ; et il l'embrassa.

Un des jours suivants, M. Perdriel réunissait toutes les amies de Marthe avec leurs frères pour une promenade dans la forêt.

Les groupes étaient présidés par une mère ou une tante, ou un vieil oncle ; on courut, on chanta, l'entrain était charmant.

— L'herbier, l'herbier, proposa tout à coup Marthe ; et toutes les bandes de chercher tout ce que la forêt pouvait fournir.

Chacun s'en allait les yeux en terre, cueillant çà et là, mais personne ne les levait vers les arbres.

— Nous en sommes précisément aux familles dont voici de bons représentants, dit le docteur, coupant une petite branche de chêne avec un gland. Mais les fleurs sont passées.

— Les fleurs du chêne ? se récrièrent plusieurs dames.

— Croyez-vous donc que le gland pousse comme une feuille ? répliqua le docteur. Tout fruit vient d'une fleur.

— Comment sont-elles donc les fleurs qui donnent des glands ? demanda une autre avec une nuance d'incrédulité.

— Elles sont petites, habillées de vert et peu visibles sous les feuilles, répondit-il.

Puis s'adressant à celles qui pouvaient le comprendre, il ajouta : Vous voyez ces deux glands sur une même petite tige, ils sont nés de deux petites fleurs à ovaire, mais la petite tige vous paraît rompue à son sommet, et elle l'est en effet. Sur la partie supérieure qui y manque actuellement, il y avait plusieurs petites fleurs à étamines.

Mais comment l'ovaire de chacune des deux petites fleurs s'est-il développé en un gland ? N'êtes-vous pas curieuses de le savoir ? continuait le bon docteur.

— Certainement oui, répondirent Marthe et une ou deux autres plus polies que celles qui s'éloignèrent en disant sottement : La curiosité est un défaut.

On l'a dit bien des fois, les enfants entendent sans écouter.

Aussi quelques petites sœurs des plus grandes jouant avec la mousse et les jeunes herbes qui poussaient au pied de l'arbre, ayant trouvé quelques petites baguettes courtes et grêles, chargées de petites rugositées desséchées, y reconnurent le bout qui manquait au-dessus des glands.

Empressées, elles passèrent sous les bras des plus grandes et les présentèrent au docteur.

— Bravo, dit-il ; voilà de futures botanistes.

Puis, revenant au gland, il continua, en le déchaussant de la petite cupule dans laquelle il est inséré à sa base : Qui me dira d'où vient cette mignonne coupe si bien ciselée.

— C'est le calice, hasarda Marthe par politesse.

— Non pas, reprit le vieux professeur : mais il y avait au pied de la fleur de nombreuses petites écailles très basses ; elles se sont accrues en se soudant. vous pourriez les compter dans toutes ces petites saillies qui font ressembler la surface de la cupule à un diamant taillé.

Quant au calice ou périgone. il s'est appliqué sur l'ovaire, et très accrus l'un et l'autre, ils forment ensemble la coque de notre gland. au sommet duquel vous distinguez encore, en cette petite pointe aiguë, une portion du style que portait l'ovaire.

— Et l'amande du gland, c'est la graine ? demanda une des petites écouteuses.

— Précisément. L'ovaire était à trois loges, expliqua-t-il, avec deux grains dans chaque loge : mais l'une d'elles, plus vigoureurement organisée. s'est développée davantage, absorbant toute la nourriture que devaient partager les autres ; en sorte qu'elle les a refoulées. réduites, et pressant aussi sur les cloisons qui séparaient les loges. elle est demeurée seule au milieu du logis, jouissant de tout l'espace qu'il contient.

— C'est comme un conte, prétendit une des enfants.

Le docteur n'entendit pas, il eût été flatté.

— A cause de cette cupule du gland, on donne le nom de cupulifères (porte-coupe) aux arbres dont les fleurs et les fruits sont sur ce même type.

Comme les fleurs sont disposées en chatons, c'est-à-dire le long d'une sorte de cordon. en latin *amenta* (courroie), la grande famille dont les cupulifères font une division est dite des amentacées.

Alors se dirigeant vers un beau châtaignier, il lui fut facile de trouver à ses pieds de longs chatons flétris qui avaient été les fleurs à étamines, réunies par petits paquets ou glomérules espacés.

— Et les fleurs à ovaire ? demanda une des plus sérieuses, les cherchant vers la base du chaton flétri.

— Elles sont restées sur l'arbre, répondit le docteur.

— Et les voilà en train de devenir des châtaignes, ajouta Henri, en abaissant une des longues branches du châtaignier.

Châtaignier

— La cupule enferme tout le fruit, remarqua Madeleine, et elle est hérissée d'épines aiguës.

— Cette sorte de cupule ou plutôt de boîte close, reprit le docteur, s'est produite peu à peu par l'accroissement des trois feuilles florales en sorte d'écailles, qui étaient au pied de fleurs à ovaire réunies trois par trois. Peu à peu, ces écailles accrues, épaissies, soudées entre elles, se sont couvertes d'épines très fournies et ramifiées.

A maturité, la boîte s'ouvrira par les soudures, et les valves s'abaisseront pour laisser voir les fruits ou châtaignes, généralement au nombre de trois, puisqu'il y avait trois fleurs réunies au centre des écailles de l'involucre.

— Et voilà pourquoi le châtaignier n'est pas un chêne, se permit d'ajouter Henri.

— Chaque châtaigne, continua le grand-père, est une seconde boîte dont l'écorce brune et lisse est composée de deux épaisseurs ; celle du périgone et celle de l'ovaire appliquées l'une sur l'autre. On reconnaît l'ovaire en cette doublure cotonneuse qui porte à son sommet un faisceau de six styles.

Mais assez, dit le professeur en s'arrêtant, vos amies reviennent vous chercher.

— Cependant, demanda Marthe à Henri, il y a souvent plus d'une châtaigne en chaque châtaigne.

— Il y a plusieurs amandes dans une châtaigne, reprit-il en souriant. Le fruit est à trois loges, dont vous connaissez les cloisons minces et à saveur amère que vous prenez soin d'enlever pour ne manger que l'amande savoureuse.

En chaque loge, il y a normalement plusieurs graines ou amandes, quelquefois six ; mais le plus souvent l'une d'elles se comporte comme celle du gland et reste seule dans son compartiment. Ce qui fait cependant encore trois amandes dans une châtaigne, continua-t-il, et comme chaque amande est de deux cotylédons, c'est encore six morceaux par châtaigne.

— Nous ne pensions guère à tout cela quand nous faisions cuire des marrons dans nos petits fours de brique, dit Marthe, se retournant vers Madeleine qui suivait à quelques pas.

— Henri, dit elle à son tour, cette noisette avec sa haute cupule à feuilles déchiquetées doit bien être toute voisine des glands et des châtaignes.

— Même famille, répondit son frère ; voilà déjà un petit chaton vert qui commence à se développer pour le printemps prochain, continua-t-il. Leurs petites écailles si bien refermées maintenant les unes sur les autres s'entr'ouvriront et laisseront voir à la face interne de chacune d'elles, plusieurs étamines ; tandis que plus bas, sur la même branche, deux petites fleurs à ovaire se trahiront par les soies rouges de leurs styles entre quelques écailles couleur d'écorce.

Le docteur et M. Perdriel discouraient avec des amis sur la valeur de tel chêne ou de tel autre arbre pour la marine, pour la charpente, etc.

Les dames préparaient le goûter soi-disant sur l'herbe, mais les servantes de chaque maison s'étaient entendues, sous les inspirations de Sylvaine, pour que le confortable fût sauvegardé en cette occasion.

On a remarqué que les personnes qui en manquent habituellement ou qui en ont manqué, sont souvent celles qui y tiennent davantage. Elles ne peuvent admettre qu'on trouve piquant de s'en priver à l'occasion.

XLI

UNE TRAHISON

Saules et peupliers (famille des amentacées salicinées)

— Ma petite Madeleine, je t'aime beaucoup, disait Marthe, venant trouver son amie dans la petite chambre où elle travaillait.

— Moi je t'aime comme une sœur, répondit Madeleine en l'embrassant.

— C'est que j'ai une trahison à te confesser ; il faut me la pardonner, vois-tu ? reprit Marthe de son œil moitié câlin moitié mutin.

— Quelle trahison as-tu pu commettre ? demanda Madeleine.

— Écoute, je vais te conter cela..... mais tu promets d'accepter, ajouta-t-elle.

— Dis toujours, reprit Madeleine, je ne sais pas deviner.

— Eh bien, c'est que papa m'a dit ce matin... mais non, tiens, j'aime mieux expliquer cela à ton grand-père.

Là-dessus la jeune fille alla frapper au cabinet du docteur.

Elle n'y fut pas longtemps et revint toute joyeuse.

— Il t'a pardonné ? demanda Madeleine.

— Il a été charmant, répondit Marthe. Va lui demander ce que c'est.

Et à tantôt, continua-t-elle en se sauvant.

Madeleine se rendit dans le cabinet où étudiait son grand-père, mais il ne lisait pas, et, ses lunettes relevées sur son front, il pensait.

— Marthe est venue vous trouver, grand-père, elle m'envoie savoir ce qu'elle vous a dit.

— Elle est charmante, répondit-il. As-tu deviné que je serais heureux de la voir ta sœur ?

— Je l'ai pensé, dit Madeleine ; mais elle n'a pu vous parler de cela, sans doute.

Le grand-père rit en se cachant les yeux avec ses mains. Puis il continua : Je crois que ton frère l'apprécie, et elle, elle voudra ce que voudra son père.

— Est-ce donc tout arrangé ? demanda Madeleine.

— Je suis sûr du père, c'est l'essentiel, étant donné que nos jeunes gens se conviennent réciproquement. Mais laissons-les grandir, ajouta-t-il encore.

Il se tut et allait reprendre son livre. Madeleine se retirait.

— Au fait, se ravisa-t-il, je ne t'ai pas dit la nouvelle bonne action de ton amie.

Elle a obtenu de son père de faire prendre par Henri le billet d'Annette en même temps que celui de Marie-Ange, et de te conserver *notre herbier,* comme elle dit.

— Bonne Marthe, répondit Madeleine avec émotion, c'est la trahison qu'elle venait avouer.

— J'avais bien peur que l'herbier n'eût pas les quatre cents plantes promises, continua-t-elle.

Marthe avait dit : A tantôt ! Madeleine ne la laissa pas revenir; elle emmena son grand-père porter leurs remerciements à M. Perdriel.

Il était charmé d'avoir fait plaisir à sa fille et à ses amis; c'était vraiment un excellent homme, quoiqu'il n'eût pas les habitudes studieuses du docteur. Pascal dit que l'homme qui poursuit un lièvre, cherche surtout le plaisir d'oublier les tristesses de sa déchéance originelle ; M. Perdriel y avait cherché aussi l'oubli de ses tristesses de cœur. Mais l'étude y eût réussi plus profitablement, il se l'avouait quelquefois.

— N'oublions pas nos familles, demanda Marthe au bon docteur en le conduisant vers le jardin.

Il chercha autour de lui pour choisir, puis il se dirigea vers une petite oseraie entourée de saules communs.

— Avez-vous remarqué au printemps que ces saules ont de gros chatons dorés à odeur de miel ?

— Oui, dit Marthe; ils sont gros et jaunes comme un cocon de ver à soie, mais il n'y en a pas sur tous les pieds; c'est peut-être comme les asperges.

— Comme tu es forte, remarqua son père.

— J'apprends pour vous apprendre, répliqua-t-elle ; je voudrais vous voir aimer tout ce qui verdit et fleurit, comme dit M. Henri.

— Ces gros chatons ne sont que des fleurs à étamines, c'est-à-dire une petite écaille portant à sa face interne deux, trois ou cinq étamines, reprit le docteur.

Sur d'autres pieds se trouvent de petits chatons verts et grêles composés de fleurs à ovaire, c'est-à-dire un petit ovaire au pied d'une petite écaille, et devenant une papsule pourvue d'une houppe de poils cotonneux.

Nos peupliers sont sur le même type, à cela près que l'écaille des fleurs est roulée en périgone à sa base, avec des étamines plus nombreuses.

— Ainsi les saules ont des chatons, comme les chênes, mais ils n'ont pas de fruits à cupule, remarqua Madeleine.

— Aussi, tout en étant des amentacées, les peupliers et les saules ne sont plus des cupulifères, répondit le docteur ; on en fait la division des salicinées (de *salix,* saule).

Toute cette importante famille des amentacées, continua-t-il, contient un principe amer et astringent, dû en partie au tannin.

C'est avec l'écorce des jeunes chênes et châtaigniers qu'on prépare les cuirs pour le commerce. Celle des saules est fébrifuge.

— Et n'oubliez pas, mon cher, que celle d'une certaine espèce de chêne nous fournit nos bouchons de liège, dit l'ami Perdriel.

<hr>

XLII

LES ARBRES DU PETIT BOIS

Pins et sapins (amentacées conifères)

— Et tous nos arbres verts, où les placerons-nous ? dit Marthe se dirigeant vers le petit bois de pins, sapins, etc.

— Nous en ferons les conifères, et ce sera une grande division des amentacées, répondit le docteur.

— Ils n'ont pas de chatons, objecta Madeleine.

— Toutes les fleurs à étamines sont en sortes de chatons ramifiés, expliqua son grand-père. Mais nous n'en trouverons pas en ce moment.

Je ne vous montrerai pas non plus de fleurs à ovaire, continua-t-il, pour la bonne raison qu'il n'y en a pas.

— Comment, pas de fruits, pas de graines? demanda Marthe.

— Deux graines complètement nues sans avoir jamais été enfermées dans un ovaire, sont attachées, chacune par le pied, à deux balles minces et membraneuses, attachées elles-mêmes à la base intérieure d'une écaille plus ample et plus épaisse, reprit le docteur, laquelle écaille est pourvue extérieurement d'une feuille bractéolaire.

Et l'ensemble de ces écailles s'imbriquant les unes les autres forme ces cônes que vous appelez des pommes de pin, quand même elles sont des pommes de sapin, de mélèze, etc.

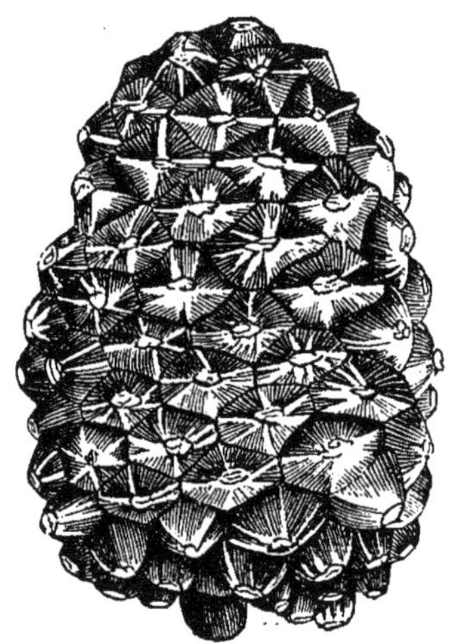

Pomme de pin

Ces sortes de fruits mettent plus d'une saison à mûrir; comme ils doivent donc passer l'hiver, et souvent dans des climats très froids ou sur de hautes montagnes, le bon Dieu a pris soin de calfeutrer les nombreuses portes de leur palais aux nombreux compartiments, en les enduisant d'une résine que le froid ne peut pénétrer et que l'humidité ne peut dissoudre.

M. Perdriel écoutait cette fois.

— Les cèdres n'ont pas de vrais cônes, dit-il; les thuyas,

les genévriers encore moins, et on les appelle des conifères.

— Et les ifs même, avec leur sorte de baie rouge, ajouta le docteur. Ils ont tous, quant aux fleurs, les caractères des fruits en cônes ; la différence n'existe que dans la manière dont se comportent les écailles.

Dans les sapins, elles sont minces comme des écailles de carpes.

Dans les pins, elles s'épaississent sur leurs bords en devenant boiseuses.

Dans les cèdres et thuyas elles sont peu nombreuses, courtes et épaisses comme une baie boiseuse.

Dans les genévriers, les petites écailles se soudent en une baie quelque peu charnue.

Dans les ifs, les écailles, d'abord beaucoup plus basses que la petite graine unique, autour de laquelle elles sont placées, se soudent entre elles en s'accroissant, pour chausser la petite graine, à la façon de la cupule d'un petit gland ; puis elles s'épaississent, et deviennent succulentes, mais sans jamais envelopper entièrement la graine, qui reste debout dans un petit bassin de corail.

— Oh ! je les connais, dit Marthe ; mais voilà un if qui n'en a jamais.

— C'est qu'il porte les chatons à étamines, répondit le docteur. Chez les ifs, les fleurs différentes sont sur des pieds différents.

Mais, continua-t-il, ne vous laissez pas séduire par la beauté de ces fruits rouges, ils sont vénéneux. Les feuilles même sont soupçonnées de n'être pas sans quelque danger.

— Les baies du genévrier ne sont pas un poison ? demanda l'ami Perdriel.

— On en fait une liqueur empoisonnante, répondit le docteur. Elles entrent dans la composition du gin qui brûle l'estomac de nos voisins d'outre-mer et de ceux d'outre-Rhin.

— Dans les sables des Landes, avant Bordeaux, dit Marthe, il y a des forêts de sapins qui laissent couler leur résine dans des coupes attachées le long de leur tronc.

ACOTYLÉDONÉES	MONOCOTYLÉDONÉES

DICOTYLÉDONÉES

THALAMIFLORES	CALICIFLORES

MONOCHLAMYDÉES	COROLIFLORES

MONOCHLAMYDÉES :

Polygonées	Cupulifères
Atriplicées	Salicinées
Euphorbiacées	
Urticées	
Morées	Conifères

— C'est ainsi qu'on en fait la récolte par des incisions pratiquées dans leur écorce, mais non sans fatiguer le sujet, répondit le docteur; aussi ne répète-t-on pas l'opération chaque année sur les mêmes pieds.

— Les sapins nous fournissent aussi de la térébenthine, dit le père de Marthe, plus attentif à ce sujet qu'à compter des étamines ou des pétales, quand l'occasion s'en était présentée.

— Assurément, répondit son ami.

Une certaine huile volatile qui leur est spéciale et circule dans leurs tissus dissout parfois la résine qu'ils contiennent. C'est cette résine, alors liquéfiée, qui est la térébenthine.

Il y aurait bien autre chose à vous dire sur les produits que nous devons à la résine, continua-t-il, mais Madeleine me fait signe vers là-bas; ce sont nos amies-d'outre bois qui viennent sans doute parler pèlerinage. Elles sont si heureuses de le voir approcher !

XLIII

LES FLEURS DE LOURDES

Avez-vous vu partir un pèlerinage ? C'est une foule paisible, sans désordre, silencieuse comme une procession. On quitte des amis pour lesquels on va prier ; on est encore sous l'impression recueillie d'une messe matinale ; on parle bas à l'entrée en wagon comme si on prenait place dans une chapelle roulante.

Il n'en fut pas ainsi à la petite gare de X..., lorsque nos trois pèlerines partirent pour se rendre à celle de Rennes. Ce n'était pas encore, leur semblait-il, le commencement du pèlerinage.

Mère Nanon était toujours grave ; mais Annette et Marie-Ange, quelle animation joyeuse ! Quels bonjours à tous ceux qu'elles quittaient !

— A bientôt, disait Annette à Sylvaine, à Madeleine, à Marthe, au docteur.

— Adieu, leur redisait Marie-Ange, si animée, si rose qu'on l'eût dite en pleine santé.

Puis elle répétait : Je ne vous oublierai pas, mère.

Petit-frère, je penserai à toi là-haut, ajouta-t-elle tout bas.

Adieu ! adieu ! je ne vous oublierai pas... et elle leur envoyait ses baisers dans l'espace.

Le train partit.

Henri était à la gare de Rennes, il aidait les malades à monter en wagon.

— Tu as la fièvre, petite Marie-Ange, dit-il, lorsqu'il toucha sa main brûlante.

— Oh ! Monsieur, je me sens très bien, répondit-elle.

— Annette, je te la recommande ; Mère Nanon, parlez pour elle à Charles qui est commissaire, insista-t-il.

— J'ai promis à sa mère de la ramener guérie, dit la vieille femme ; j'aimerais mieux rester aveugle et que la sainte Vierge la guérisse.

— La sainte Vierge sait bien ce qu'il nous faut, reprit la petite malade.

Annette resta toute troublée, elle n'osait plus se réjouir.

Le signal fut donné, les wagons commencèrent à s'ébranler, et, sur toute la ligne, les pèlerins chantèrent la prière du départ.

Marie-Ange la chanta avec ravissement. Toutes les malades se demandaient pour quel mal caché elle était admise à être du voyage, tant elle semblait n'en avoir pas besoin.

Mais lorsque la mère Nanon voulut qu'elle prît sa part du panier à provisions, l'enfant n'accepta qu'un peu de lait, et le soir elle n'accepta rien.

La fièvre baissa dans la nuit ; le lendemain, lorsque la lueur du jour permit de se regarder, elle était pâle comme les plus pâles.

Était-ce de l'affaissement? Était-ce du recueillement? elle ne parlait que pour répondre doucement qu'elle se sentait très bien.

— Il y aura un grand miracle à faire, se disaient maintenant ceux qui ne l'avaient pas crue malade au départ.

— Ira-t-elle jusqu'à Lourdes? se demandaient quelques-uns.

Annette seule avait repris confiance. Tant de fois elle l'avait vue aussi défaite et aussi faible !

La procession est fervente à l'arrivée des pèlerins. Enfin, les voilà devant la grotte, et pas un malade n'est hors d'état d'y prendre place.

Une impression surnaturelle saisit l'âme devant cette grotte de l'apparition; on croit voir Bernadette en chaque pieuse enfant qui prie à genoux ; il semble qu'on entende avec elle la voix qui lui parlait.

Annette et Marie-Ange l'entendirent dans leur cœur ; jamais elles n'avaient éprouvé cette douce confiance qui les remplissait délicieusement.

Pour la grand'mère, elle cessa de désirer guérir. L'apaisement de toutes ses inquiétudes se fit. Aussi, lorsqu'on la conduisit à la piscine, ce n'était pas pour ses yeux qu'elle priait.

Plusieurs miracles se firent; la confiance en augmentait, Annette en arriva à croire que ses deux malades reviendraient guéries ; elle les regardait l'une après l'autre, guettant la crise merveilleuse qu'elle attendait.

— Et toi, Marie-Ange? dit-elle.

— Moi, je suis sûre aussi d'obtenir ce que j'ai demandé, répondit la jeune fille avec exaltation. Mais laisse-moi parler avec ma sainte Mère et Bernadette.

La nuit, à l'hospice, une religieuse veillait; elle raconta que Marie-Ange l'avait passée sans sommeil.

Au matin, c'était la sainte messe à la grotte. Des bras dévoués apprenaient à porter les brancards des malades ; ils se faisaient, ces hommes de foi, les serviteurs de Jésus-Christ en la personne de ses frères.

Marie-Ange n'eut besoin que d'un bras, et ce fut celui d'Annette. La grand'mère la tenait par la main.

Elles s'agenouillèrent les dernières à la sainte table. Marie-Ange ne se releva pas.

— C'est ce qu'elle avait demandé, dit l'aveugle.

Annette crut que c'était la crise de la guérison.

Le mot : Guérie ; circula rapidement. Un *Magnificat* de triomphe fut commencé.

Heureuse Marie-Ange !

Lorsqu'on la reporta à l'hospice, la foule suivit, continuant à bénir Celle qui avait obtenu ce que demandait sa petite servante.

Mais sa mère ! comment lui annoncer ce malheur ? Annette se souvint des paroles d'Henri, et elle les dicta à la religieuse : « Marie-Ange n'a plus que son dernier nom. »

Le lendemain, on apporta le cercueil devant la grotte. Les pèlerins la veillèrent.

Quelques jeunes filles déposèrent des couronnes à l'entour. La pauvre Annette y apporta des fleurs sauvages qu'elle venait de cueillir.

Plus tard, elle les recueillit pour ses deux amies et le docteur.

— Nous les emporterons, dit-elle à sa grand'mère.

— Nous les enverrons, reprit l'aveugle. Les religieuses veulent nous garder.

— Il y a longtemps, répondit Annette, que je demande dans mes prières comment faire pour entrer au couvent. Mais je ne voulais pas vous quitter, ni Marie-Ange, ajouta-t-elle avec effort.

— Tu es bien jeune, reprit sa grand'mère en la serrant près de ses genoux comme pour la retenir. Aussi, je serai morte quand l'âge sera venu pour que tu sois religieuse tout à fait. Et en attendant, nous serons heureuses ici, plus heureuses que la pauvre mère de Marie-Ange.

— Et nos bonnes demoiselles de là-bas, que diront-elles ? reprit Annette en pleurant.

— Elles diront, répondit la grand'mère, que le bon Dieu a bien su nous conduire où il voulait que nous arrivions.

SECONDE PARTIE

FAMILLES SECONDAIRES

I

LES AMIES DE MARTHE

L'âge des races végétales

Les nouvelles de Lourdes furent une véritable tristesse pour les deux familles qui avaient soin des jeunes filles et de la pauvre aveugle.

Marthe surtout y fut très sensible; toute sa sollicitude se reporta sur la mère de Marie-Ange et sur son petit frère, qui devenait florissant.

Madeleine bénit Dieu pour les espérances d'Annette.

Et le docteur prit soin des intérêts matériels de la grand'mère en surveillant le peu qu'elle avait laissé au pays.

On oublia quelque temps les fleurs et l'herbier ; puis le temps des vacances s'avançait, les jeunes sœurs des amies de Marthe allaient repartir ; on voulut faire encore quelques promenades, et le docteur reprit plusieurs fois ses causeries enseignantes.

Henri avait fait un grand tableau des familles étudiées, et à la place qu'y occupait chacune d'elles, il avait dessiné une fleur type de la famille.

Marthe et Madeleine se fabriquèrent à leur tour, avec des feuilles de papier réunies par un peu de colle, un immense tableau couvrant tout un panneau de la salle à manger chez M. Perdriel, et elles collèrent sur chacun des compartiments destinés aux différentes familles, une fleur desséchée avec des soins minutieux.

Le père de Marthe était seul dans la confidence, le travail se faisait chez lui.

Lorsque le tableau fut achevé, Marthe demanda qu'un goûter réunît toutes ses amies, grandes et petites. M. Perdriel y ajouta des amis.

Les compliments furent sincères ; l'ensemble était vraiment réussi.

— Vous avez trop pris vos aises, dit le docteur ; où placerons-nous les autres familles ?

— Quoi ! encore d'autres familles ! s'exclama Marthe.

— Mais, ma pauvre enfant, je vous ai toujours dit que nous parcourions les plus importantes, répliqua le docteur.

— Eh bien, dit Henri, vous sectionnerez votre tableau selon les divisions établies sur nos carrés du jardin.

— C'est vrai, approuva sa sœur ; mais nous aurons six tableaux pour les quatre panneaux de la pièce.

— Vous les suspendrez l'un sur l'autre, proposa M. Perdriel ; les fleurs ne fleurissent pas toutes en même temps.

— Elles ne furent pas toutes créées en même temps, reprit le docteur.

— Le blé poussa le premier, dit une des petites filles ; il en fallait bien pour Adam et Ève dans le Paradis terrestre.

— Ils se nourrissaient de fruits, assura Madeleine ; mais je ne m'imagine pas Ève pétrissant le blé pour faire du pain.

— D'ailleurs, Adam n'a pas été créé le jour où Dieu ordonna à la terre de produire les herbes et les arbres pour qu'ils se reproduisissent chacun selon son espèce, rappela le docteur.

L'atmosphère épaissie de vapeurs chaudes devait d'abord être assainie pour devenir respirable à l'homme et même aux quadrupèdes. Aussi ne trouve-t-on de traces ni des uns ni des autres dans les fossiles des terrains primitifs.

Des plantes à tissu spongieux, absorbant amplement les exhalaisons humides, naquirent pour purifier cette atmosphère épaisse; ce furent les champignons, les algues, les presles gigantesques, les fougères arborescentes que nous font connaître les fossiles, et dont les pays chauds conservent encore de splendides spécimens. Et cependant, des reptiles impurs se jouaient entre ces plantes, dans une vase humide.

Les débris de ces premières races végétales, s'accumulant sur la surface du globe, y formèrent des couches fertiles où de nouveaux végétaux vécurent par leurs racines, tout en continuant, comme les premiers, d'emprunter aussi à l'atmosphère la plus grande partie de leur alimentation. Ce fut la seconde race au tissu succulent : liliacées, graminées, etc.

Alors, l'homme et le bœuf purent apparaître. Mais une troisième race, aux puissantes racines, fut organisée pour puiser plus profondément dans les couches tant de fois séculaires, qui s'accroissaient en épaisseur par toutes les générations végétales dont celle-ci avait été précédée. Ce furent les dicotylédonées.

Cependant les autres races continuèrent à se perpétuer. Et leur rôle commun fut de maintenir l'air respirable, en absorbant les gaz que nous y exhalons et en y exhalant ceux que nous devons aspirer.

C'était trop long pour la circonstance ; le docteur s'en aperçut.

— Pardon, dit-il, et voyant tout le monde écoutant debout, il se déconcerta totalement.

— C'est plus intéressant que la botanique des pétales et des étamines, vint dire M. Perdriel pour le remettre de son embarras.

— Eh ! mon cher, tout se lie dans les études. Sans les pétales,

les étamines et les graines, ta fille ne me comprendrait pas quand je parle de nos grandes races végétales.

— Je regrette de n'avoir pas suivi toutes vos promenades, dit une des amies de Marthe ; vos tableaux sont délicieux, et le bon docteur est excellent.

<table>
<tr><td colspan="2" align="center">ACOTYLÉDONÉES</td><td align="center">MONOCOTYLÉDONÉES</td></tr>
</table>

ACOTYLÉDONÉES	MONOCOTYLÉDONÉES
SANS FLEURS NI GRAINES Champignons, algues, Presles, fougères.	Liliacées Graminées Palmiers

DYCOTYLÉDONÉES

Renoncules Choux Œillets	Roses Genets Carottes Pâquerettes
Oseille, betteraves Orties, euphorbes Mùrier Chênes, sapins	Sauges, Myosotis Mufliers, primevères Tabac

— Commencez à y venir, invita Madeleine pour son grand-père ; nous avons encore du temps jusqu'aux mois où les fleurs nous manqueront.

II

UN ATELIER DE COUTURE

L'épine-vinette (famille des berbéridées)

Il fait de la pluie même en été. Un jour donc qu'elle tombait fine et continue, quelques amies de Marthe retournèrent voir ses tableaux de fleurs et causer avec elle, emportant un ouvrage quelconque pour occuper leurs doigts.

Marthe et Madeleine étaient en train de fabriquer un pantalon de plus de deux pièces, bien qu'il fût peu long et peu large.

— Pour qui ce chef-d'œuvre d'industrie ? demandèrent les arrivantes.

— Je sais, dit une des petites ; c'est pour le petit Pierre de Marie-Ange.

Elle avait deviné. Ne fallait-il pas aider à remplacer sa sœur ?

— Vous êtes vraiment bonnes, dirent plusieurs ; nous n'y aurions pas pensé.

— Eh bien, reprit Madeleine, voulez-vous nous aider quelquefois ? Par exemple, il nous faudrait au moins un châle noir pour la mère. Qui pourrait le trouver dans les meilleurs morceaux de celui de Sylvaine ? nous le borderions de ce galon de laine pour le consolider.

— Qui lui fera un tablier dans cette robe de mérinos ? demanda Marthe à son tour.

Voilà tout un atelier de charité qui s'improvise joyeusement sous la direction de Madeleine, la plus expérimentée en couture.

C'était l'heure où le docteur avait promis de revenir compléter les tableaux. Il crut qu'on s'était réuni pour sa causerie ; il en fut tout content dans l'intérêt des jeunes filles ; une étude quelconque lui paraissait toujours désirable pour les rendre sérieuses.

Les compliments d'arrivée ne furent pas longs, le tableau l'appela aussitôt.

— Vous savez que les acotylédones, depuis les champignons jusqu'aux fougères, ne nous ont pas encore occupés.

Quant aux monocotylédones, nous avons établi toutes les familles qu'il nous importe maintenant d'en connaître.

Restent les quatre carrés des dicotylédones.

Marthe, n'auriez-vous pas une grande feuille de papier à emballage, la première grande feuille venue ? demanda-t-il.

Il l'attacha à la boiserie avec deux épingles, et trouvant un crayon sous sa main, il traça sur la grande feuille le premier carré des dicotylédonées avec leurs familles principales, puis il reprit :

— Vous savez que les lis, tulipes et la plupart des monocotylédonées offrent le nombre trois dans les différentes parties de leur fleur, pétales, étamines, etc., et quelquefois six, qui est deux fois trois.

La grande race des dicotylédonées ne nous montre plus ce nombre que par exception ; je vais vous le faire remarquer dans la très petite famille des berbéridées.

Alors le professeur dessina un très petit rond à côté des renonculacées, et il écrivit : Epine-vinette.

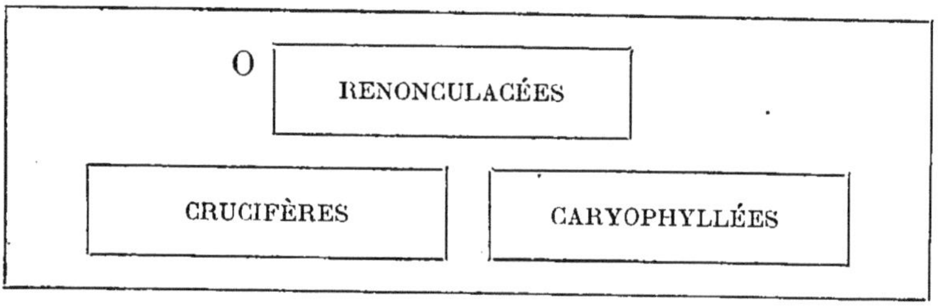

— C'est bien placé, dit Marthe ; les petites fleurs de l'épine-vinette ont l'air de très petites renoncules jaunes formant une grappe.

— Mais un seul ovaire et six pétales avec six étamines, fit observer le docteur ; tandis que les renoncules ont des ovaires nombreux, des étamines nombreuses et seulement cinq pétales.

— Au printemps, dit Madeleine, les abeilles butinent dans le cœur de ces petites fleurs jaunes, et j'ai remarqué qu'après leur départ, toutes les étamines sont dressées autour du pistil au lieu de rester comme auparavant, le dos paresseusement appuyé en dedans de la corolle.

— Le fait est exact, répondit le grand-père, et je vous apprendrai à être aussi habiles que les abeilles pour troubler le repos des étamines.

— « Que nous faudra-t-il faire ? » demandèrent plusieurs voix.

Car la politesse avait fait écouter même les moins zélées pour savoir. « Peu de chose, presque rien, » répondit le docteur en continuant la citation. Puis il ajouta :

— Prendre une épingle et piquer une à une six petites glandes qui sont entre le pied de chaque étamine et l'ovaire, ce qui les rejette forcément en arrière contre la muraille de leur maison.

Ces petites glandes, une fois percées, laissent écouler la petite gouttelette de nectar qu'elles contenaient, et devenues de petits sacs vides, elles n'exercent plus de pression sur les étamines qui se dressent en liberté.

Vous comprenez que le dard de l'abeille joue le rôle d'épingle pour les petites glandes où elles puisent. Du reste, à défaut d'épingle ou d'abeilles, la dessiccation à l'air suffit pour amener le même résultat, plus ou moins prompt.

— Mes cousines du Midi, dit Madeleine, font des confitures agréablement aigrelettes avec les petits fruits de l'épine-vinette.

— Mais, a-t-elle vraiment des épines ? demanda Marthe.

— Les feuilles sont réunies trois par trois au pied de trois épines très aiguës, qui ne sont que la nervure médiane de trois feuilles avortées, sans ce qu'on appelle leur parenchyme ou mince couche de tissu végétal.

M. Perdriel rentrait ; il y eut interruption dans l'enseignement au tableau.

Les jeunes filles reprirent leurs aiguilles, et l'après-midi se
passa utilement.

— Quand faut-il revenir pour vous aider ? demanda l'une
d'elles à la jeune maîtresse de maison.

III

UN SAUT MALADROIT

Les papavéracées

Peu à peu s'organisèrent donc des après-midi de travail,
coupées le plus souvent par une causerie du bon docteur.
Toutes ne les comprenaient pas entièrement, mais toutes y
trouvaient par ci par là de l'intérêt, et quelques-unes le suivaient
avec profit.

— Encore, tout près des renonculacées, commença le docteur,
voilà un pavot-coquelicot ou papaver qui leur ressemble par
des étamines nombreuses ; mais l'ovaire est unique et la corolle
n'est que de quatre pétales dans un calice de deux larges pièces.

Il y avait encore quelques coquelicots attardés dans leur
floraison, le docteur les avait apportés pour les distribuer aux
jeunes écoutantes.

— Je ne vois pas de calice, dit l'une d'elles, examinant un
coquelicot qui venait de s'ouvrir.

— Le voilà en deux grosses coques sur ce bouton, reprit
Madeleine ; je n'en ai jamais vu au pied de la fleur.

— Le bouton reste très longtemps fermé et ne s'ouvre que lorsque la fleur est toute développée, dit son grand-père ; la corolle en sort dans tout son accroissement, chiffonnée, parce qu'elle devenait trop à l'étroit, et assez vigoureuse pour ouvrir, par un effort violent, la boîte où elle était enfermée ; le calice ne résiste pas et tombe.

— Quelles jolies étamines violettes ! remarqua une des petites. J'en ai fait bien souvent pour mes sœurs avec du fil gommé dont je trempais le bout dans du café ou dans la tabatière de M. le curé.

— Mais l'ovaire, comment le faisiez-vous ?

— On mettait un gros bouton de ouate verte, répondit la petite.

Pavot

— Eh bien, mon enfant, cueillez dans les champs beaucoup de coquelicots encore en bouton, effeuillez les quatre pétales rouges et toutes les étamines violettes, il vous restera ce petit coquetier vert que voici et que nous nommons l'ovaire, avec son petit couvercle bombé à huit côtes brodées de velours, vous en ferez le cœur de vos coquelicots de papier.

— Quand ils sont secs, les graines y sonnent comme dans le hochet de petit Pierre, dit Marthe ; mais elles tombent bientôt par les fenêtres qui sont ouvertes sous le toit que forme la petite calotte.

— Les graines ne dansent et sonnent dans la capsule que forme l'ovaire, que lorsqu'elles sont mûres et détachées de la paroi intérieure du pourtour à laquelle elles étaient attachées, expliqua le professeur. Mais, passons ; je n'essaierai pas de vous faire comprendre leur position dans la capsule.

Vous aimerez mieux savoir que le pavot est le symbole du sommeil, parce qu'il contient un suc soporifique (endormant), qui réside surtout dans la coque ou capsule, tandis que les graines sont seulement oléagineuses.

Les pavots somnifères, cultivés dans le Nord pour les fabriques d'huile, et admis aussi sur nos plates-bandes, ont une variété à grosse capsule dans laquelle il ne se produit pas d'ouvertures à son sommet.

Si vous pratiquez de légères incisions sur une des faces de ces capsules encore dans leur jeunesse, elles laisseront écouler en sortes de larmes un suc qui est l'opium, dont vous connaissez les propriétés puissamment narcotiques.

C'est cet opium, dissous dans de l'alcool, qui devient le laudanum, continua-t-il. Défiez-vous de ces deux médicaments, il est trop facile d'en abuser, même sans fumer l'opium à hautes doses, comme les Chinois.

Mais nous ne pouvons quitter l'endormante famille des pavots ou papaver (famille des papavéracées), sans faire connaissance avec une de leurs sections toute différente d'aspect et de propriétés.

Et il présenta aux jeunes couturières, mais avec quelques précautions pour leurs ouvrages, la chélidoine-éclaire, à fleurs jaunes de quatre pétales, avec de nombreuses étamines jaunes et un ovaire allongé en silique de chou ou de colza.

— Son suc jaune, âcre et caustique, ce qui veut dire brûlant, peut cautériser vos verrues, dit-il, si vous l'employez avec persévérance. On prétend qu'il peut ronger les taies qui surviennent sur les yeux ; c'est de là que lui vient le nom d'éclaire. Mais gardez-vous de l'essayer.

Le pavot cornu de nos rivages maritimes, les escholtzia exotiques sont sur le même type que la chélidoine pour la longue silique et ressemblent davantage au coquelicot dans l'ampleur de leurs quatre pétales jaunes.

Henri avait eu un jour de congé ; il passait en bateau au bas du jardin avec M. Perdriel, qui chantait non sans verve une barcarolle d'autrefois ; c'était le signal convenu avec le docteur.

— Voilà, dit-il, les fleurs que j'attendais ; il se levait pour aller les recevoir, lorsque notre jeune homme, confiant le bateau à son compagnon de rames, fit un saut sur le rivage, voulant présenter lui-même ses beaux nénuphars.

L'élan était mal calculé ; le bateau recule d'ailleurs sous l'effort, et notre étudiant tombe à l'eau, tenant toujours à la main les longues tiges embarrassantes de ses nénuphars aux amples feuilles enroulées.

Un cri de M. Perdriel fit sortir la volée de jeunes filles. L'éclat de rire fut général, à deux exceptions près.

Remonter prestement et saluer gaiement de son embarcation, mirent toutes les rieuses de son côté.

Le père de Marthe descendit muni des spécimens attendus, et le docteur les distribua à ses élèves.

— Nénuphars et nymphéas, dit-il, vient d'un mot qui signifie blancheur, bien qu'il y ait aussi, vous le voyez, des nénuphars jaunes.

Normalement, ils doivent n'avoir les uns et les autres que cinq pétales ; mais dans les blancs, un certain nombre d'étamines se transforment en pétales de surérogation.

L'ovaire rappelle celui du coquelicot papaver. Aussi les regarde-t-on quelquefois comme des papavéracées.

Lorsque vous voyez leurs fleurs reposer si paisibles entre

leurs belles grandes feuilles vernies, continua-t-il, ne croyez pas qu'elles flottent sur les eaux. Elles sont portées sur ces longues tiges très flexibles, qui se laissent aller au courant, mais qui prennent naissance sur de grosses souches charnues, enfouies au plus profond des vases sous les eaux.

Les voyageurs racontent qu'une espèce étrangère a des feuilles assez puissantes en force et en dimensions pour porter un enfant, sans aucun danger qu'il prenne un bain, comme notre malheureux pourvoyeur de tout à l'heure.

IV

DEUX LETTRES

Cistes et hélianthèmes (famille des cistinées)

Madeleine n'avait pas grande correspondance : ses relations étaient peu nombreuses, et plutôt dans son proche voisinage : sa vie n'était qu'à son grand-père, qui était une mère pour elle, et à son frère, qui était une amie.

Cependant le facteur apporta deux lettres à l'adresse de la jeune fille, et aussi un petit colis soigneusement empaqueté, timbré de Lourdes.

Elle l'ouvrit avec un empressement tout juvénile, et Henri fut appelé.

C'étaient des fleurs déjà fanées, au milieu de fleurs si fraîches qu'elles semblaient cueillies à l'instant.

— Celles-ci sont de Marie-Ange, dit Madeleine devant les fleurs flétries.

— La lettre te le dira, répondit son frère ; elle est aussi de Lourdes.

C'était d'Annette, dont la grosse écriture était plus lisible que l'orthographe. Mais la religieuse avait ajouté un mot :

« Les fleurs fanées furent sur le cercueil de votre petite amie qui prie là-haut pour ses bienfaiteurs. »

Sylvaine en demanda une pour mettre dans son livre ; Henri en réserva pour la mère de la défunte, et Marthe pour le petit frère, quand il serait grand.

— Et l'autre lettre ? dit la jeune fille.

Elle était de Mme Célina, sa seule amie d'enfance, restée novice au Sacré-Cœur, après ses années de pensionnat, et revenue depuis quelques jours comme maîtresse au Sacré-Cœur de Rennes.

Quelle joie de la revoir !

— Henri, tu me conduiras. Je vais demander à grand-père.

— Il n'est pas rentré, répondit Sylvaine, qui mettait déjà de l'eau dans les vases pour les fleurs arrivées dans leur fraîcheur.

Et Henri se disait : C'est le Sacré-Cœur que Madeleine choisira.

Cependant il nomma quelques petites anémones et renoncules des montagnes.

Madeleine prit les cistes blancs et roses pour des églantines sauvages.

— Sans doute, ils ont été cueillis en bouton, dit son frère, et ils se sont épanouis en voyage ; autrement ils se seraient effeuillés avant l'arrivée, car ils ne vivent qu'un jour.

— Et ce ne sont pas des roses ? demanda Madeleine.

— Ce sont des cistes, dont le nom signifie, en grec, *capsule*, parce que cette organisation du fruit est caractéristique entre les autres familles à étamines nombreuses, avec un seul ovaire.

— Cette capsule s'ouvrant en cinq valves, avec deux rangs de graines le long du milieu de chaque valve, rapproche les cistes des violettes ; mais attendons leur tour.

C'est un ciste qui fournit par exsudation cette espèce de résine balsamique appelée ladanum, dont nous aromatisons certains médicaments pour en masquer un peu le goût.

Dans la même famille que les cistes, on trouve les hélianthèmes, fleurs du soleil, parce qu'elles ne durent qu'entre le lever et le coucher d'un jour. Leurs fleurs sont petites, souvent à trois pétales, par avortement des deux autres, et à capsule toujours à trois valves.

V

UNE HERBORISATION DE BIENFAISANCE

Les malvacées

Le petit Pierre eut un abcès qui le faisait beaucoup souffrir et pleurer, si bien qu'il dormait mal et sa mère aussi.

— Il nous faudra des cataplasmes de mauves, dit Henri à sa sœur.

Elle proposa aux habituées des après-midi d'aller en chercher sur quelque terrain inculte, où elles se plaisent généralement entre des décombres.

Mais les jeunes filles ne connaissaient que les jolies mauves, roses ou blanches, que nous semons sur nos plates-bandes ; elles auraient cherché sans trouver, si Marthe ne les eût guidées.

Elles voulurent alors se rendre compte de la fleur des mauves. Corolle de cinq pétales formant ensemble un cornet plus ou moins évasé, dont le pied plonge dans un calice de cinq folioles que chausse à sa base une sorte de calicule plus ou moins ample ; c'était facile à voir. Mais le reste ?

Une des moins exercées affirma que la petite colonne centrale était une grosse étamine à cent têtes.

Une autre prétendait que cette colonne unique devait être l'ovaire.

Henri, consulté, décida que les cent têtes, si cent il y a, appartiennent à un égal nombre d'étamines soudées par leurs filets d'inégales longueurs, ce qui fait que la petite colonne était garnie de têtes dans toute sa hauteur.

Mais cette colonne est creuse, et le style y passe comme dans un fourreau, ajouta-t-il.

L'ovaire est à loges disposées circulairement sur le réceptacle qui est adhérent au fond du calice. Les graines se trouvent donc rangées circulairement aussi dans ce calice, qui se referme à demi pour les recouvrir en partie.

Les roses trémières ou passeroses (qui veut dire surpassant la rose), sont aussi des mauves, ainsi que les althæas, arbustes de moyenne taille.

Cotonnier

Dans les lavater, les petites graines sont rondes et disposées sur un petit réceptacle bombé en sorte de mamelon.

La guimauve contient, surtout dans ses racines, le suc mucilagineux, adoucissant et émollient (c'est-à-dire amollissant), qui distingue toute la famille.

C'est surtout dans les pays chauds que les malvacées sont le plus abondantes. Là où des plantes à suc plus limpide subissent une évaporation épuisante, le leur, plus épais et visqueux, y résiste davantage.

Entre les malvacées tropicales, vous connaissez le coton ; sa fleur est bien celle des mauves, mais son fruit devient une grosse capsule boiseuse, au centre de laquelle sont de grosses graines noires, toutes barbues de ces poils blancs que nous nommons le coton. C'est une précaution contre les ardeurs d'un soleil trop brûlant, qui dessécherait les semences.

VI

DEUX TISANES

Le tilleul (famille des tilliacées)

Il y avait de beaux tilleuls au bout de la vieille charmille, chez le docteur, et on n'en trouvait pas d'autres dans le village. Aussi en faisait-on grande provision pour chaque famille et pour la pharmacie des Sœurs.

Sylvaine donc était montée au haut d'une échelle, qu'on changeait de place en place autour de chaque arbre, et elle jetait tout autour sur le gazon les petites fleurs suavement embaumées.

Lorsque toutes les jeunes filles en eurent rempli paniers ou corbeilles, elles se mirent à regarder les fleurs ; voilà qu'elles commençaient à vouloir se rendre compte de ce qu'elles voyaient auparavant sans rien regarder.

Les longues bractées ovales, soudées singulièrement au pétiole dans une moitié de leur longueur, parurent à quelques-unes faire partie de la fleur. C'était du moins le calice, pensaient-elles ; et, en effet, il n'y en avait pas d'autre sous les petites fleurs bien ouvertes, de même couleur jaunâtre, qu'elles avaient choisies pour les étudier.

Mais Marthe ayant trouvé quelques fleurs encore peu épanouies, remarqua qu'elles étaient pourvues d'un petit calice de cinq feuilles.

— Calice caduc comme celui des pavots, dit Henri ; c'est-à-dire tombant avant la floraison.

— Mignonne corolle de cinq pétales, reprit Madeleine ; beaucoup d'étamines.

— Et remarquez, poursuivit le jeune homme, qu'elles sont soudées entre elles, par leurs filets, en une sorte de faisceau. La petite capsule est sans compartiments, par suite de l'avortement des cloisons. La graine contient une huile qui pourrait, dit-on, être utilisée comme succédanée du cacao.

Mais, ajouta-t-il, nous ne pouvons vérifier ici ni le fruit ni la graine, parce que nous avons cueilli les fleurs dans leur jeunesse pour en avoir tout le parfum, avec tous les principes qu'elles contiennent.

— Ont-elles vraiment tant de vertu ? demanda une jeune fille, ennuyée peut-être d'en préparer trop souvent des infusions pour toutes les indispositions de la famille.

— Elles renferment, répondit l'apprenti docteur, du tannin, de la gomme, du sucre, un mucilage spécial et une huile essentielle, le tout ensemble doucement apaisant pour les nerfs délicats. Mais il est bon de n'employer dans ces infusions que les petites fleurs, débarrassées de leur longue bractée, qui ne participe pas aux propriétés des fleurs.

N'oublions pas, ajouta-t-il, de nommer dans la même famille

le sparmenia d'Afrique, que vous aimez pour orner l'hiver vos oratoires ou vos salons.

— Les feuilles ressemblent plus à celles des tilleuls que leurs fleurs en jolis bouquets blancs avec des étamines brunes, remarqua Madeleine.

— On les prendrait pour des fleurs de ronces, dit une autre des jeunes filles.

— Les ronces ont beaucoup d'ovaires, reprit Marthe, et un calice qui ne s'arrache pas sans emporter un morceau du reste de la fleur.

Thé

— Très savant, dit le jeune docteur en s'inclinant. Grand-père serait très fier de son élève.

— Nous avons deux professeurs, répondit la jeune fille avec un salut plaisant, en retour de celui qui venait de lui être adressé.

— C'est une famille voisine des tilliacées qui nous fournit ces grosses capsules du cacao, dont les amandes donnent à nos chocolats leur valeur nutritive, reprit le jeune professeur.

Le thé, que nous devons surtout à la Chine, s'en rapproche encore par ses fleurs. Vous savez que ses feuilles nous arrivent après avoir subi une dessiccation plus ou moins forte, qui leur enlève plus ou moins de leurs propriétés excitantes.

Ce que nous appelons le thé vert, n'a passé qu'une fois sur les plaques chauffées, selon le procédé chinois.

Le thé noir a été soumis plusieurs fois à la même opération.

L'essence aromatique que contient encore le thé et qui se dissout dans l'eau bouillante, s'évapore très facilement ; c'est pourquoi les dames anglaises en préparent les infusions dans le salon même, au moment où elles doivent l'offrir.

— C'est pourquoi il est insipide si on le réchauffe le lendemain, dit une des jeunes filles.

— Et alors il est aussi sans vertu, acheva le docteur Henri.

<hr>

VII

LES LOCATAIRES DE NANON

Mille-pertuis et orangers (famille des hypéricées
et des hespéridées)

— Je viens de louer la maisonnette de Nanon à deux vieilles femmes, dit le docteur en rentrant.

— Deux pratiques pour Mademoiselle, répondit la vieille bonne.

— J'ai trouvé dans ce vieux jardin la toute-saine, paracœur, comme vous l'appelez, Sylvaine; androsème, disons-nous. N'en faisiez-vous pas du baume autrefois?

— Oui, monsieur; on met les feuilles dans de l'eau-de-vie, au soleil, et puis on s'en sert pour panser les coupures.

— Est-ce que le baume ne se fait pas avec de l'huile douce? demanda Madeleine.

— L'huile ne dissoudrait pas la résine balsamique que contiennent ces feuilles, reprit le docteur.

Les baumes n'agissent pas comme adoucissants, continuat-il, mais généralement comme astringents et vivifiants des chairs.

— Pourrions-nous demander un pied d'androsème à vos bonnes femmes de la maisonnette? demanda Madeleine. Toutes nos amies en voudront des feuilles pour faire du baume.

— Je vous procurerai, quand vous voudrez, répondit le grand-père, une autre herbe de la même famille, dont les sommités fleuries et aussi les feuilles feront un vulnéraire tout aussi efficace pour les coups et blessures. (Vulnéraire vient de *vulnera*, blessures.)

— Elle se nomme? demanda la jeune fille.

— Le mille-pertuis, dont tu connais les feuilles, percées de mille *pertus* (petits trous), ou plutôt qui en paraissent percées; car ces prétendus mille trous sont des glandes aromatiques, dispersées çà et là dans les tissus.

— La fleur est jaune, dit Madeleine.

— A cinq pétales, étamines nombreuses réunies par leurs filets en trois faisceaux, ovaire unique devenant une petite capsule.

Notre androsème, toute-saine, aux feuilles beaucoup plus larges, ainsi que les fleurs, est une exception par ses fruits en baies, c'est-à-dire que ses feuilles carpellaires s'épaississent et deviennent charnues, au lieu de rester sèches comme dans les capsules; les graines se détachent de leur placenta et deviennent éparses dans la pulpe.

— Mais, demanda Madeleine, nos larges étoiles jaunes à longues étamines très nombreuses, avec des tiges couchées sous les buissons du jardin, ne seraient-elles pas de la même famille?

— Précisément, dit le grand-père; c'est le mille-pertuis de Chine

Puis il ajouta :

— A cause des glandes contenues dans leurs feuilles, on peut rapprocher cette famille de celle des cistes.

D'un autre côté, elle n'est pas loin de celle des hespéridées.

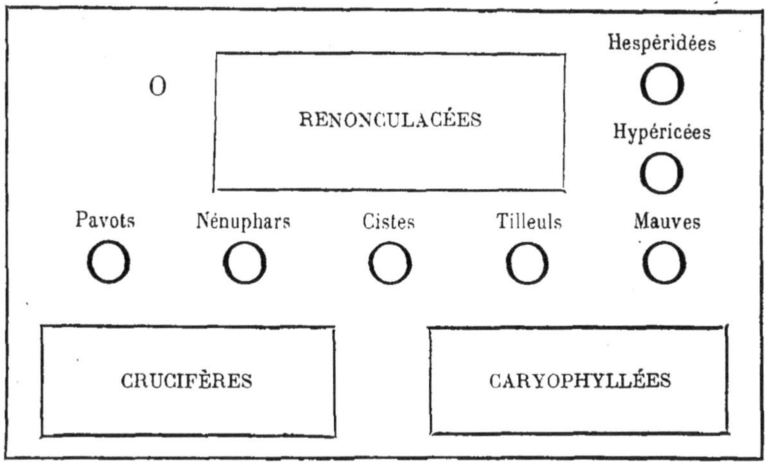

— Hypéricées et hespéridées, reprit la jeune fille, il y a de quoi se tromper de nom ; mais pour la dernière, je me souviendrai du jardin des Hespérides, aux pommes d'or gardées par les dragons.

— Eh bien, tu devines, dit le grand-père.

Elle chercha un moment, puis elle dit : Les oranges, sans doute, famille des orangers.

— C'est cela, approuva-t-il.

— Je ne vois pas de rapport, reprit la jeune fille, entre les fleurs si vulgaires des mille-pertuis ou *hypericum* et les fleurs de l'oranger, si délicates en leur forme comme en leur couleur.

— Étamines nombreuses, en plusieurs faisceaux, répondit le docteur.

— Et le fruit ? insista Madeleine.

— Commençons par son écorce, répondit le docteur. Toutes ces rugosités dont elle est couverte sont des amas de petites glandes, gorgées d'une huile volatile qui s'enflamme en sorte de petites étincelles autour d'une bougie, lorsque tu les presses dans le proche voisinage de la flamme.

Quant au suc que renferment les oranges, citrons, etc., il contient, en quantités très variables, selon les espèces, à peu près ce que contient aussi la chair de nos pommes un peu acides.

C'est pourquoi tes limonades aux pommes, chez nos pauvres gens, valent bien nos limonades aux citrons.

— Oh ! tant mieux, dit Madeleine avec élan ; tant de fois j'ai désiré pour eux des citrons !

VIII

UNE NOUVELLE ESPÈCE

Violettes et pensées (famille des violées)

— Maintenant, dit le docteur, vous devez bien vous rendre compte de l'enchaînement qui relie toutes les familles.

Vous savez qu'il n'y a point entre elles de différences telles que chacune ne se rattache point à plusieurs autres, par tel ou tel point.

Poursuivons, ajouta-t-il. Il me faudrait une violette.

— J'en ai sur mon chapeau, dit une des petites sœurs.

— Eh bien, voyons si elle est bien faite, reprit le docteur. Bah ! elle est d'une seule pièce.

2° Elle n'a pas de calice.

3° Le style est tout droit, comme une épingle à petite tête.

L'enfant resta tout étonnée, puis se ravisant : C'est qu'elles sont d'une espèce nouvelle, confia-t-elle tout bas à sa proche voisine.

Le docteur sortit dans le jardin ; il revint avec quelques pensées, qu'il remit à Marthe pour les autres jeunes filles. Et il interrogea du regard.

— Cinq pétales, dit l'une d'elles ; toujours cinq pétales, depuis les mauves.

Violette

— Mais depuis les renonculacées, nous ne comptons plus les étamines ; ici il faut recommencer à les compter.

— Cinq étamines, fut-il répondu.

— Combien d'ovaires ?

— Toujours un, excepté dans les renonculacées, dit Marthe.

— Et le style ?

— Cette petite tête d'oiseau sur un cou tordu, serait-ce le style ? demanda-t-elle.

— Précisément ; jamais d'autre style dans la famille, pas même dans les espèces nouvelles, ajouta-t-il en souriant à la petite au chapeau.

— Mais, Monsieur, les miennes sont des violettes, voulut-elle expliquer.

— Violettes et pensées offrent le même caractère, répondit-il, sauf que le pétale supérieur des violettes proprement dites se prolonge sous la corolle en un éperon, qui passe entre les folioles du calice et dans lequel deux étamines se prolongent inférieurement.

— Singulier calice, dit l'une des amies, retournant la fleur le visage en bas ; on dirait une collerette à deux rangs, l'un montant, l'autre abaissé vers la petite tige qui porte la fleur.

— C'est qu'il y est inséré par le milieu de sa hauteur, répartit le docteur.

— La capsule s'ouvre en étoile à trois rayons, remarqua Madeleine, avec deux rangs de jolies graines luisantes, le long du milieu de chaque rayon.

— Comme les cistes, rappela le grand-père, sauf que celle des cistes est à cinq branches.

— Où placerons-nous cette petite famille ? demanda ensuite le docteur.

— Du côté des cistinées, mais pas tout proche, répondit Marthe.

Et ce fut accepté à l'unanimité.

<hr>

IX

UN JOUR QU'IL FAISAIT NUIT

Le réséda et la gaude (famille des résédacées)

— D'où me vient ce parfum de réséda ? demanda le docteur.

On lui fit remarquer qu'il y en avait un bouquet dans l'une des corbeilles ; et sur un signe, on le lui passa. Chaque jeune fille en reçut un échantillon.

— Pour le moment, adieu au nombre cinq, dit-il. Nous voici à des nombres pairs, ce qui nous ramène au nombre quatre des crucifères.

Puis dépeçant une fleur de réséda, il fit compter :

Calice de six pièces inégales ;

Six pétales inégaux, profondément frangés ;

Étamines en un faisceau pendant ;

Un ovaire à style très court ;

Capsule anguleuse en petite bourse ouverte au sommet.

Ce réséda, que nous cultivons pour son odeur suave, est originaire de l'Égypte et de la Barbarie.

Plusieurs autres espèces inodores sont spontanées dans nos différentes provinces.

Le réséda-gaude, herbe à jaunir, aux petites fleurs verdâtres serrées en un long épi cylindrique, se plaît aux lieux pierreux et arides ; ses feuilles en rosette sur le sol sont longues, étroites et pointues. Il donne une bonne teinture jaune.

Le docteur s'arrêtait cherchant des yeux autour de lui.

Madeleine demanda ce qui lui manquait.

— Un livre, un dessin, quelque chose qui me permette de vous faire toucher des yeux la fleur du câprier, puisque vous mangez quelquefois des câpres, répondit-il.

— Les câpres ne sont-ils pas des boutons de capucines ? demanda Marthe, qui était réputée les confire avec succès dans du vinaigre.

— Ce ne sont que de faux câpres, répondit le docteur. Les véritables sont le bouton d'un arbuste épineux, assez commun en Provence, où il croît dans les fentes des rochers et des vieux murs. On l'y cultive en outre pour nos tables ; ses fleurs sont grandes et rougeâtres avec un calice caduc de quatre folioles concaves et ovales, quatre pétales étalés à étamines longues et nombreuses, autour d'un long pied très grêle portant à son sommet un ovaire qui vient à s'allonger en silique.

— Mais tout cela ne ressemble guère au réséda ? se permit Marthe.

— Si ce n'est, répondit le docteur... mais pourquoi nous efforcer d'en faire une famille ?

Le plus court est de voir que les résédas et le câprier ne sont pas de celle-ci, ne sont pas de celle-là. Sa silique le rapproche un peu des crucifères, et d'autre part, il est plus proche des papavéracées à cause des étamines nombreuses.

— On le rapproche aussi d'une petite famille, encore de nos provinces méridionales, dont une des espèces les plus curieuses existe ici au presbytère, pour l'étonnement de chaque vicaire nouvel arrivant.

— La fraxinelle, devina une des petites.

— Le dictame-fraxinelle (fraxinelle, c'est-à-dire à feuilles de frêne, expliqua le docteur).

— L'air prend feu tout à l'entour, reprit la petite fille. Je l'ai même vu un jour.

— Un jour qu'il faisait nuit, répliqua le docteur ; car ce feu n'a pas assez d'éclat pour être aperçu en pleine lumière du soleil.

— Un soir alors, dit la petite fille ; M. le curé apporta une bougie et le feu prit tout autour de la fraxinelle.

— C'était un soir d'été, après une journée chaude, ajouta le docteur.

— M. le vicaire ne put jamais deviner comment cela s'était fait.

— Mais M. le curé lui aura sans doute expliqué, reprit le docteur, que les dictames sont couverts de glandes contenant une huile volatile qui, se vaporisant sous l'action de la chaleur, se répand tout à l'entour comme un nuage invisible.

C'est à cette vapeur invisible que la bougie avait mis le feu.

Nous irions répéter l'expérience si elle était possible, continua le docteur ; mais nos jours ne sont plus assez chauds pour avoir produit cette évaporation inflammable.

Inscrivons seulement sous les caparidées la petite famille des dictames, dite des rutacées, parce que les rues (*ruta*) en font partie. Ce sont des plantes à propriétés très stimulantes dues à une huile essentielle spéciale, contenue en de nombreuses glandes qui sont répandues dans leurs tissus.

X

LE VOYAGE DE MADELEINE

Fumeterres et corydalis (famille des fumariées)

Henri préparait un examen, le docteur avait des malades, ils n'avaient pu encore conduire Madeleine voir son amie du Sacré-Cœur.

Enfin, l'examen fut subi brillamment ; le jeune homme s'accorda comme récompense une journée donnée à sa sœur.

Dans le temps passé, une voiture plus ou moins exacte, plus ou moins lente, les eût traînés en plusieurs heures jusqu'à Rennes. Aujourd'hui, la vapeur rapide y porte en un espace qui se compte par minutes.

De la gare au Sacré-Cœur, quelle jolie promenade par les boulevards et le mail séculaire, sous de doubles rangs de beaux ombrages !

On entre librement dans la cour extérieure, tout entourée de platanes que la Providence avait fait planter par des mains étrangères sur ce terrain destiné aux élues qu'il se préparait. Ils ont grandi pour elles, ils vieillissent en paix, accroissant chaque année leur *ombrage comme elles accroissent leurs* vertus.

Les visiteurs demandent la jeune novice ; mais elle termine une classe, ils sont priés de l'attendre au salon ou à la chapelle. Leur choix fut le meilleur.

Si nos imposantes solennités dans une vaste cathédrale, au milieu d'un peuple respectueux, transportent nos âmes vers les régions où Dieu est adoré par les légions des esprits et des saints, le recueillement d'une chapelle solitaire pénètre davantage jusqu'au cœur.

Madeleine le sentit lorsque celui de Jésus parla au sien devant l'autel qui lui est dédié. Son choix fut définitif ; c'est là qu'elle viendrait lui consacrer sa vie.

Henri le comprit à l'émotion de la jeune fille, lorsqu'elle embrassa Mme Célina. Ce n'était plus une amie qu'elle retrouvait, c'était une sœur, une mère. Mais l'heure n'était pas venue de lui confier son secret. Elles parlèrent d'abord de leurs années séparées, de leur enfance écoulée près l'une de l'autre.

Mme Célina était orpheline, mais elle avait un frère. Elle n'osait le nommer, dans la crainte de trahir un projet qui lui était cher, et dont elle espérait que Madeleine accorderait, plus tard, la réalisation.

Ensuite la jeune religieuse proposa de voir les jardins, le cabinet d'histoire naturelle avec ses collections artistement disposées.

Un herbier, qui se continuait par toutes les générations d'élèves, intéressa Madeleine et son frère. On raconta l'histoire de celui d'Annette et des leçons qui en étaient résultées.

Mme Célina y applaudit, se disant que l'étude des fleurs serait un grand charme pour son frère, lorsque Madeleine aurait accepté sa vie rurale dans le manoir paternel.

Et Madeleine pensait : Je pourrai utiliser au pensionnat ce que j'apprends avec Henri et grand-père.

Laquelle des deux voyait dans l'avenir ?

Le retour se fit à pied, sur la proposition de la jeune fille. D'abord silencieuse, elle se reprocha bientôt d'être peu aimable pour son compagnon de route, et embarrassée de ses pensées, elle parla des fleurs du chemin. Henri se prêta à cette diversion : cueillant, nommant, faisant deviner les familles, etc.

— En quittant les câpriers et la rue, vous arriviez, dit-il, aux crucifères ; mais entre les papavéracées et les crucifères, il ne faut pas oublier non plus les fumariées, que vous n'avez pas encore vues.

Là-dessus, il aperçoit de l'autre côté du fossé un champ dont la culture ou les buissons devaient en contenir quelques espèces.

Ne le croyez pas embarrassé pour en étudier les détails ; un médecin est toujours pourvu d'une loupe en société de sa lancette.

Ils s'assirent sur un talus de gazon, analysèrent en l'effeuillant la pauvre fleur et sa petite capsule ; puis délassés et les pensées rafraîchies, ils poursuivirent jusqu'au vieux logis paternel.

M. Perdriel et Mlle Marthe étaient venus faire société au grand-père. M. Perdriel lisait le journal, et la jeune fille écoutait ce que le bon docteur commençait à lui expliquer de la fumeterre, puisqu'on en était là pour les tableaux.

Lorsque Madeleine entra avec une grâce modeste, elle était vraiment charmante, et le regard affectueux de son grand-père le lui disait. Il ne pouvait y avoir qu'Henri pour trouver que Marthe la surpassait.

Souvent les sentiments personnels de ceux qui nous apprécient influent ainsi sur l'impression que nous leur produisons. Et cependant, lorsque cette appréciation nous est favorable, ne croyons-nous pas, le plus souvent, la mériter par nous-mêmes ?

Mais pendant que nous philosophons ici, les bonjours ont pris fin ; M. Perdriel a remis ses lunettes pour continuer son journal, et le docteur présente sa loupe à Madeleine pour qu'elle distingue à son tour les pièces de la petite fleur qu'il venait d'étudier avec Marthe.

— Père, je ne m'amuserai pas à tricher, répondit-elle ; Henri vient de me la faire effeuiller chemin faisant.

— Bravo, dit le docteur ; à qui la plus habile entre vous deux ?

— D'abord, commença Marthe, ces deux petites oreilles, roses comme la fleur, c'est le calice qui tombera bientôt.

Puis voilà quatre pétales en croix, mais très différents les uns des autres ; le supérieur, un peu recourbé en capuchon au sommet, se prolonge sous la fleur en un éperon largement arrondi à sa base.

Henri complimenta la jeune fille, mais elle s'arrêta tout court, disant que c'était le tour de Madeleine.

— Quatre étamines qui semblent être six, reprit Madeleine, parce que deux d'entre elles se partagent par la moitié.

L'ovaire devient une petite coque ronde à une seule graine.

— Nous n'avions pas ajouté, acheva le docteur, que les corydalis sont de la même famille, mais avec deux pétales à éperon et une petite silique à plusieurs graines.

Vous pouvez le voir sur les espèces de nos jardins, qui fleurissent au printemps, entre de longues feuilles gracieusement découpées.

Du reste, toute cette famille est à feuillage délicat. Le suc en est généralement amer.

Notre fumeterre officinale (c'est-à-dire des officines ou pharmacies), est commune sur les terrains cultivés, champs ou jardins ; c'est de là que lui vient son nom de fumeterre (terre fumée). Elle est fébrifuge en certaines circonstances.

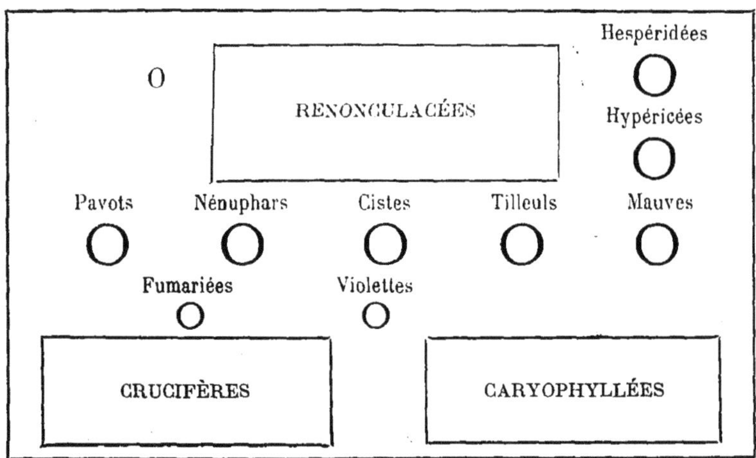

XI

UN MAL CONTAGIEUX

Le lin (famille des liliacées)

— Allons, mes enfants, le bon Dieu nous envoie de la besogne, dit le docteur Gallien à toutes les jeunes filles réunies.

— Donnez, docteur, donnez, Monsieur, donnez, grand-père, répondirent toutes les voix, pendant que les mains se tendaient pour recevoir le linge ou les vêtements à confectionner.

— C'est bien autre chose, reprit-il. La mère de Marie-Ange a la fièvre typhoïde ; je viens d'emmener petit Pierre chez les bonnes femmes de la maisonnette ; mais elles ne peuvent s'en charger toutes seules, étant trop âgées.

— Je prends petit Pierre, déclara vivement Marthe.

— Je veillerai la mère, si grand-père le permet, proposa Madeleine.

— Nous aiderons, dirent moins affirmativement les amies, peut-être parce qu'elles n'avaient pas d'autorisation de leurs familles, peut-être parce qu'elles se sentaient peu entraînées à cette œuvre de dévouement.

— Tout demande réflexion, répondit le doctenr ; il faudra installer le service.

— Père, je vous en prie, répéta Madeleine.

Elle avait la voix persuasive, mais surtout son grand-père approuvait de tels dévouements.

— Tu iras la voir tous les jours, pour aider aux soins que lui donneront des voisins. Quant aux nuits, non, ma fille, ce n'est pas de ton âge.

— S'il manquait de veilleurs, insista doucement Madeleine.

— Ton frère serait là ; c'est son rôle, répondit le vieillard avec fermeté.

— Moi, j'aurai petit Pierre, redit Marthe, avec l'assurance qu'on ne pourrait la refuser.

— Peut-être le jour, consentit le docteur.

On ne parla pas de fleurs ; les coutures furent interrompues, et l'heure du dîner arriva.

— Et moi, Monsieur, je suis laissée de côté ! dit Sylvaine avec indignation, apprenant autour de la table les arrangements projetés. Je suis vieille, mais je peux bien encore garder les malades, mieux que ma fille qui est trop jeune, Monsieur.

Madeleine se leva pour embrasser la vieille bonne. Puis elles se mirent à demander ensemble :

— Qui la gardera ce soir ?

Le mal fut grave et long ; le chagrin l'avait amené, le chagrin contribua à le rendre plus dangereux et plus prolongé.

Souvent les gens de travail semblent sentir moins vivement par le cœur ; c'est que, au lieu de s'affaisser dans l'accablement, ils sont forcés de continuer la vie active qui apporte, il est vrai, quelque diversion à leurs peines, mais la douleur n'en fait pas moins son chemin.

Cependant tout le monde prêta secours à la pauvre veuve, et tout le monde demeura plus dévoué à elle et à son petit Pierre.

Quelques ouvriers du voisinage voulurent bêcher son jardin pour les légumes de l'hiver ; les jeunes filles des fermes se chargèrent de cueillir son lin.

Le temps était revenu à la botanique ; toutes les amies de Marthe et de Madeleine arrangèrent une promenade avec le docteur ; il la dirigea vers la Maison-aux-Roses, comme l'appelait Marie-Ange.

Le lin était défleuri ; c'était dommage, car ses fleurs d'un bleu délicat, avec leurs tiges sveltes portant de petites feuilles d'un vert doux, font un ensemble qui égaie paisiblement les regards.

— C'est aux caryophyllées que se rattache la petite famille des lins, dit le docteur. Selon les espèces, vous trouveriez cinq ou quatre pièces au calice, cinq ou quatre pétales, cinq ou quatre étamines fertiles soudées à leur base, avec cinq ou quatre autres étamines avortées. L'ovaire devient une capsule à plusieurs loges avec une graine en chaque loge.

Vous connaissez ses jolies graines brunes, en forme de

Lin

navette; elles contiennent un mucilage oléagineux, adoucissant, émollient, que nous utilisons en cataplasmes.

Mais les fabriques d'huile en consomment plus que nous, ajouta-t-il.

Vous avez vu presser, avec un pressoir à vis, des pommes ou du raisin pour nos cidres et nos vins; il est moins facile de presser de la même manière nos menues graines vernies, qui roulent les unes sur les autres et coulent entre nos doigts comme l'eau.

Mais on les enferme dans de petits sacs carrés, bien cousus, qu'on empile entre les deux pièces du pressoir sur lesquelles s'exerce la pression.

Aussi, le résidu ou marc est en sorte de gâteaux ou tourteaux de cette même forme carrée.

On en fait avantageusement usage pour la nourriture des bestiaux ou comme engrais pour les terres.

Vous savez quels services nous rendent les fibres du lin.

Vous êtes-vous demandé quelquefois dans quel but on soumet le lin à l'opération du rouissage ou ruisselage, qui consiste à le tenir sous l'eau, le plus souvent dans un ruisseau du voisinage, pendant plusieurs semaines ?

C'est que l'écorce est attachée aux fibres qu'elle entoure, par une substance gommeuse qu'on veut faire dissoudre afin de rendre plus facile la séparation de l'écorce et des fibres.

Après le ruisselage, on étend le lin sur une prairie, ou même on le dresse en sortes de petites gerbes pour le débarrasser de l'humidité; puis on l'entasse dans les greniers pour le travailler l'hiver. Alors, on le met au four après qu'on vient d'en tirer le pain ; il devient ainsi plus facile à broyer.

Les gens de la ferme exécutent ce travail aux longues veillées, dans la grange ; ce sont leurs soirées de plaisir. On dit que là les jeunes gens font leur choix pour une ménagère. Peut-être plus d'une jeune fille fait-elle le sien la première, pour le maître qu'elle voudrait se donner.

Lorsque les machines à broyer ont rompu l'écorce qui tombe en fragments sur le sol, les fibres prennent le nom de filasse, parce qu'elles sont destinées à être filées ; elles sont plus fines vers le cœur des tiges, plus grosses dans le voisinage de l'écorce. On les trie par le cardage, avec des peignes ou brosses en fil de fer.

Autrefois, les jours d'hiver, chaque femme filait au rouet. Les veillées des fileuses étaient égayées par la jeunesse masculine, désœuvrée à ces heures-là, et venant fumer ou chanter, chacun selon ses aptitudes. Les hommes plus âgés avaient le privilège des récits de combats sur terre ou sur mer, et les vieillards les légendes traditionnelles.

Nos grand'mères elles-mêmes filaient, continua le docteur qui s'oubliait avec ses souvenirs. Elles mettaient leur amour-propre à bien filer, et je vous assure qu'une femme de bonne mine, assise près de son rouet, avec une jolie quenouille à son côté, était plus gracieuse que devant un de nos insipides pianos.

Je voulais, reprit-il, vous faire connaître d'autres familles encore voisines des caryophyllées ; ce sera pour demain, dans le jardin Perdriel, s'il vous plait. Sur ce, je vais dire bonjour aux vieilles de la maisonnette.

Et il salua pour s'éloigner.

<h1 style="text-align:center">XII</h1>

HATONS-NOUS

Oxalis et géranium, balsamines et capucines

— Avançons, avançons, dit le docteur ; je voudrais faire défiler devant vous, aujourd'hui, au moins quatre familles.

— Par où commencerons-nous ? demanda Marthe.

Il chercha sur les carrés du jardin une petite plante à fleur jaune, avec des feuilles de trois cœurs réunis ensemble par la pointe, et étalées en formant un rond, parce qu'il faisait du soleil ; lorsque le temps est couvert, chaque foliole en cœur se replie par la moitié pour dormir.

— Oxalis, nomma le docteur ; cinq partout, partout, partout.

Graines attachées à un cordon élastique qui les lance à maturité.

Suc acide dont on retire cette matière blanche, cristallisée, que vous nommez le sel d'oseille.

Passons aux balsamines, dont je ne vous analyserai pas les différentes parties, parce que je n'en vois ici que de doubles.

On nomme cette fleur impatiente, n'y touchez pas *(noli tangere),* parce que, à maturité, en des jours de chaleur, le plus léger mouvement causé à la grosse capsule cylindrique, gonflée d'air dilaté, la fait éclater en cinq lanières qui se recoquillent vers leur base, tandis que les graines, sous l'impulsion de l'air comprimé, sont lancées à l'entour comme par une mitrailleuse.

Voici maintenant les géraniées, dont le petit géranium Robert est un bon type.

Et ce disant, il cueillait au pied d'un arbuste buissonneux, où elles s'étaient réfugiées, de petites fleurs d'un rose vif sur des pédoncules rougeâtres et un peu velus, entre des feuilles plusieurs fois découpées en triangle allongé dans leur contour et de dimensions relativement grandes.

— Cinq partout, partout, comme dans notre petit oxalis, dit le docteur. On pourrait en faire deux divisions d'une même famille.

Toutefois, le fruit en est très différent. C'est du long bec de ceux des géraniums qu'ils prennent leur nom, signifiant bec-de-grue. Un autre groupe porte celui d'érodium, bec-de-héron ; et un troisième, celui de pélargonium, bec-de-cigogne.

Les jeunes filles trouvèrent sur les géraniums ou pélargoniums rouges, blancs, variés des corbeilles qui ornaient les pelouses, plusieurs de ces fruits à long bec qu'on leur signalait.

Quelques-uns étaient encore bien fermés, d'autres étaient ouverts en cinq lanières ou valves qui s'étaient recoquillées de bas en haut, en restant attachées par leur sommet à une sorte d'aiguille centrale, restée debout sur le petit plateau floral.

— Et les graines ? demanda une des curieuses.

— Cherchez dans la petite cuiller qui est au bout recoquillé de la petite lanière, répondit le docteur. Chacune a emporté sa graine avec elle, à moins qu'elle ne l'ait lancée au loin, dans le mouvement élastique qui l'a détachée de l'ovaire, acheva-t-il.

— Jamais je n'aurais deviné cela, dit Marthe.

— Est-ce que vous savez regarder ! répliqua le docteur. Et il y a cependant tant de choses curieuses qui devraient nous intéresser !

Il s'approcha d'un vieux mur tapissé de capucines éclatantes.

— Fleur bizarre, continua-t-il : famille des tropéolées, voisine des géraniums et des balsamines.

Le calice et la corolle de même couleur se confondent à première vue, parce que leurs différentes pièces sont entremêlées. Une de celles du calice est en long éperon effilé. L'ovaire est à trois loges, chacune à une seule graine sur laquelle s'applique la mince feuille dont se compose chaque loge.

Avez-vous remarqué leurs feuilles rondes, posées par leur centre sur leur pétiole ou petit pied, en sorte qu'elles semblent un bouclier horizontal ? C'est de là qu'on les dit peltées, de *pelta,* bouclier.

— Tous vos noms viennent des langues anciennes, dit Madeleine.

— C'est que la science a commencé chez les anciens, répondit le grand-père ; et en outre, leurs noms sont aisément significatifs.

— Les femmes ne les connaissent pas, reprit une des jeunes filles.

— Nous les apprenons pour elles, dit le docteur. Il est vrai qu'on vise maintenant à vous faire bacheliers, il faudra bien en savoir plus long que certains frères ou maris.

Stupide ! ajouta-t-il. Une femme doit se borner à être capable de prendre intérêt à la conversation des hommes intelligents, afin de leur faire aimer la leur et le foyer de la famille.

XIII

AIDONS-NOUS LES UNS LES AUTRES

Trois familles d'arbres

— Pourquoi ces demoiselles ne viendraient-elles pas cueillir les haricots de la veuve ? proposa le docteur.

L'idée fut agréée pour le lendemain. Et le lendemain, chacune était munie d'un petit panier et de vieux ciseaux ; on partit pour la Maison-aux-Roses.

Faute de panier, une des petites avait attaché à un chapeau de jardin un large cordon en guise d'anse pour passer à son bras, ce qui fit faire des dissertations sur les chapeaux actuels, leur genre exagéré, leurs inconvénients, leur inconvenance.

— Et cependant, reprocha le docteur, pas une de vous n'osera refuser ces types ridicules, ni à peine les modifier. La mode est tout ce qui existe de plus tyrannique dans notre siècle de despotisme appelé liberté.

Petit Pierre jouait sur la porte avec de beaux marrons, presque sphériques, à peau brune et luisante.

Le docteur en ouvrit un pour en faire remarquer la différence avec ceux de nos châtaigniers, dont les marrons d'Inde n'ont que l'écorce et le nom.

— Je les croyais des marrons sauvages, dit une des jeunes filles, parce qu'ils sont amers comme les pommes sauvages, par exemple.

On se permit de rire, et on objecta que les jolies fleurs roses du marronnier ne ressemblent en rien à celles du châtaignier.

Finalement, le docteur ayant trouvé un marron dans sa grosse boîte verte et épineuse, fit voir qu'elle est l'ovaire et non point des bractées soudées ensemble comme celles de la châtaigne.

Le marron lui-même est la graine.

Le marronnier d'Inde est le seul de sa famille en nos pays, reprit le docteur.

Elle porte deux noms significatifs, æsculacées (ce qui veut dire se mange), parce que la fécule en peut devenir comestible (mangeable), lorsque de nombreux lavages en ont dissous et entraîné les principes amers ; ou hippocastanées (de cheval, châtaigne), parce que, en certaines contrées, la Turquie entre autres, on en nourrit les chevaux.

Bientôt on suivit la veuve dans le jardin ; les haricots furent coupés en une heure. Ils étaient sains et beaux ; quelques jeunes filles étaient chargées par leur mère d'en acheter une petite provision. Mais il fut dit qu'ils devaient achever de sécher dans la cosse. On reviendrait les chercher.

Comme il est aisé de s'aider ainsi les uns les autres ! Un secours obligeant vaut plus que de l'argent. Il en épargne à ceux auxquels on vient en aide, et il leur donne courage en leurs peines. Les femmes surtout peuvent faire le bien de cette façon. Elles ont pour cela le tact du cœur et le dévouement.

Un bel érable sycomore, à feuilles de platane, étendait sur la petite cour de la maison ses branches chargées de fruits de couleur verte, et singuliers dans leur forme. C'était une sorte de fourche à deux branches larges et planes, recourbées en dehors aux deux bouts.

— Où est la graine ? se demandait-on.

— Vers la base de chaque branche, répondit le docteur ; toute la partie supérieure est un développement foliacé en sorte d'aile, pour que les fruits se laissent transporter plus facilement par le vent.

Au printemps, ajouta-t-il, les fleurs se montrent en petites grappes vertes et pendantes, entre les feuilles déjà développées.

Famille des acérinées, dit-il en terminant ; du nom d'*acer*, ou érable.

Ils sont encore nombreux et prospères aux alentours de Jérusalem, disent nos pèlerins.

— Comme au temps de Zachée, remarqua celle des petites qui avait improvisé un panier avec son chapeau.

— Les feuilles des platanes sont plus grandes, mais elles ressemblent bien à celles du sycomore, dit une des grandes.

— Nous les retrouverons près des amentacées, répondit le docteur.

— C'est encore un arbre de la Palestine, dit Madeleine ; et les saintes Écritures le citent souvent pour sa beauté, sur le bord des routes et des fontaines.

— Ce qui est la même chose, expliqua le docteur ; parce que dans ces terres, sans routes tracées, ni ressources pour les voyageurs, ils cheminaient en suivant les vallées, le long desquelles ils espéraient rencontrer des puits naturels ou fontaines.

Mais, continua-t-il, j'ai encore à vous parler d'une dernière famille qui complétera notre premier tableau sectionnaire des dicotylédonées.

Et il montra une belle vigne dont les pampres gracieux encadraient la petite fenêtre qui donnait il y a quelques mois sur le lit de Marie-Ange.

Si je pouvais y trouver des fleurs, commença-t-il, je vous ferais remarquer leur petite corolle verte fermée par le haut, ne s'ouvrant jamais et tombant comme une petite calotte dont se décoifferait la fleur.

Le plus intéressant pour nous, c'est l'ovaire à deux loges devenant cette baie succulente que vous nommez le grain de raisin, et qui contient quatre ou cinq graines osseuses, noyées dans la pulpe.

Vous savez que c'est le jus de ce raisin, plus ou moins chargé de sucre, et plus ou moins alcoolique, selon les espèces et les climats, qui nous donne le vin.

Que le raisin soit noir ou blanc, le jus qu'il contient est toujours blanc ; ne croyez pas cependant que tous les vins rouges soient teints avec du bois de campêche, par exemple. Les raisins blancs exsudent une sorte de résine de couleur blonde que les vignerons appellent le poil de lièvre ; les raisins noirs exsudent une résine de couleur rouge plus ou moins purpurine. C'est cette matière qui, dissoute par l'alcool produit dans la macération du raisin avant le pressurage, colore nos vins rouges en teintes plus ou moins foncées.

— Ah ! je comprends pourquoi je n'ai jamais que du vin

Vigne

blanc dans mon verre, même quand j'y écrase du raisin noir, dit une des petites.

— Vous savez, reprit le docteur, que l'alcool se nomme esprit-de-vin ; c'est qu'il en est comme l'âme et la force. On l'en obtient par la distillation, en le séparant de l'eau à laquelle il est mélangé dans le vin.

Vous savez que c'est avec le vin qu'on fait du vinaigre, le nom le dit : Vin aigre.

Vous savez encore que certains vins sont dits capiteux, c'est-à-dire qui portent à la tête ; ou encore mousseux, lorsqu'ils contiennent en forte quantité du gaz acide carbonique, qui se dégage en bulles s'accolant entre elles comme les petites bulles produisant la mousse de l'eau de savon.

Nos vignes à raisin sont dites vinifères, porte-vin.

Les vignes dont nous tapissons les habitations rurales ou qui enlacent leurs guirlandes entre nos arbres d'agrément, sont dites vignes folles, parce qu'elles donnent un fruit sans utilité pour nous.

C'est ainsi que nous apprécions toute chose au point de vue de nos intérêts.

Dans ces trois familles, le nombre cinq règne encore ; et dans la dernière, celle de la vigne (viticées, de *vitis,* vigne), les tiges et les branches à articulations d'où partent les feuilles ont un rapport bien marqué avec celles des caryophyllées. Ne vous en déplaise ! ajouta-t-il.

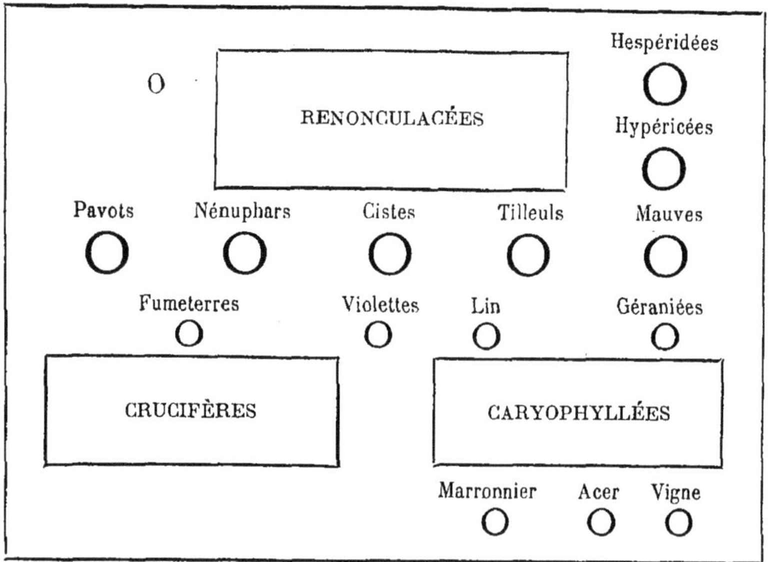

Et à propos des feuilles, vous supposerez bien que les vrilles enroulées, servant comme de mains pour attacher les sarments à des appuis plus fermes, sont la nervure très allongée d'une feuille qui ne s'est pas développée en ses autres parties.

Le soir, on trouva le tableau des thalamiflores (premier des dicotylédonées) complété par les nouvelles familles qu'il devait contenir.

Ce fut d'abord inexplicable, puisque le professeur avait été absent ; et nul ne soupçonna M. Perdriel.

Mais Henri vint présenter ses excuses. Arrivé pour ne trouver qu'un salon vide, il s'était permis de faire l'office de préparateur à la faculté.

Nous serait-il défendu de supposer que c'était peut-être un prétexte pour attendre le retour des promeneuses ?

XIV

DEUX SŒURS

Plusieurs familles d'arbustes

Dans une grande pièce nue, sur un sol de terre, deux lits sans rideaux étaient aux deux côtés de la haute cheminée. C'était tout le mobilier, avec une vieille table et quelques morceaux de vaisselle.

— J'en viens, disait Sylvaine à Madeleine. Il faudrait mener vos amies par là, et puis nous ferions une quête pour ces pauvres vieilles ; d'abord moi je leur donne des sabots.

— Je n'en parlerai qu'à grand-père, répondit la jeune fille.

Le père, mis dans le secret, proposa une promenade sur la lisière du bois, pour les arbustes qu'on y trouverait. Ces occasions de promenades aidaient beaucoup au succès de la botanique.

— Nous en sommes au second tableau, les caliciflores, dit-il.

ROSACÉES

PAPILIONACÉES

OMBELLIFÈRES

COMPOSÉES

Si j'étais devant une de nos grandes feuilles de papier, j'y mettrais ces quatre grandes familles aux quatre angles.

Je rattacherais aux rosacées le grenadier, le myrte et les syringas, qu'on met quelquefois en trois familles. Elles sont toutes trois à nombreuses étamines, à calice finissant par se confondre avec l'ovaire.

Les grenadiers nous viennent de Grenade, en Espagne, où ils avaient été apportés des terres Puniques : c'est pourquoi leur nom latin est *punica*.

Les fleurs sont d'un rouge éclatant ; le gros calice coriace devient une toupie ventrue, à pulpe succulente et acidulée, dans laquelle sont rangées de nombreuses graines osseuses, de couleur grenat.

— Que c'est joli ! dit une des petites.

— Pas autant que nos belles pommes jaunes d'or ou vermeilles, répondit le docteur, avec leur chair blanche et délicate.

Les myrtes habitent aussi les pays plus chauds que le nôtre, continua-t-il ; c'est pourquoi ils ne vivent pas chez nous en pleine terre. Leurs petites fleurs d'un blanc de lait, avec des étamines hautes et serrées, sont d'un joli effet entre de menues feuilles d'un vert brillant. Le fruit est une petite baie noire.

On cultive depuis peu, dans les terrains malsains, l'eucalyptus, qui s'éloigne des myrtes par sa corolle verdâtre, fermée en calotte comme celle de la vigne, et se soulevant pour tomber sans s'être jamais épanouie. Les feuilles sont glauques, longues et étroites. Ses exhalaisons sont, dit-on, un préservatif contre les fièvres paludéennes, produites par la mauvaise influence des marais (*palus*, marais). En outre, comme ils croissent avec une rapidité prodigieuse, pour laquelle ils empruntent grandement à l'humidité du sol et à celle de l'atmosphère, due à celle du sol, ils jouent le rôle de purificateurs.

— Comme les premières races végétales, aux premières époques de la création, remarqua Madeleine.

— Je ne vous dirai rien des syringas de nos jardins, poursuivit-il, si ce n'est de n'en pas confondre le nom avec celui de seringa qu'on donne aux lilas.

Le syringa odorant, cultivé dans les massifs de nos jardins, a une fleur de quatre pétales blancs avec de nombreuses étamines. Son odeur est tellement pénétrante qu'on ne peut l'admettre dans une pièce fermée sans ressentir bientôt un malaise avec mal de tête, besoin de prendre l'air.

Et savez-vous pourquoi ? C'est que le parfum des fleurs est dû à une huile volatile qui se répand alentour en sorte de vapeur et a sur les nerfs une action excitante.

Une pauvre habitation était sur le chemin, et deux vieilles femmes assises devant la porte filaient au fuseau.

Elles se levèrent pour saluer, sans cesser de tenir le fil entre leurs doigts.

— Bonjour, les deux sœurs, dit M. Gallien ; bonjour, dirent toutes les jeunes filles.

— Et votre santé ? demanda le docteur.

Une seule répondit ; l'autre était sourde.

— Ce beau temps vous fait du bien ? s'informa-t-il.

— Je n'en marche pas mieux, dit la seconde ; mais je n'en souffre pas plus, c'est une grande grâce.

Celle-là avait un pied hors de service.

— Plus de messe le dimanche, reprit le docteur qui voulait les faire causer.

— Oh ! Monsieur, je dis la messe toute seule. Le bon Dieu m'a même laissé des yeux pour la lire.

— Et votre sœur est toujours sans ennui, la pauvre fille ?

— Elle a tout le travail, voyez-vous ; le ménage, la soupe, les lapins.

— Pas grand ménage, dit le docteur ; et il entra dans la maison, précédé de la sœur sourde, et invitant les jeunes filles à le suivre.

C'était vraiment la sainte pauvreté. Le saint d'Assise n'aurait pu la désirer plus complète, à moins d'enlever les deux lits pour qu'il ne restât rien.

Au contraire, on avait essayé d'en installer un autre au bout de la pièce, en plantant à une certaine distance du mur deux pieux peu élevés, qui soutenaient une planche devant faire le devant du lit.

— C'est pour Louisette, dit la pauvre sourde.

— Qu'est-ce que Louisette ? demanda-t-on.

Mais elle n'entendit pas.

Ce lit par terre étonnait ; sans doute elle le devina sur les physionomies, et elle expliqua qu'on y mettrait de bonne paille avec une fourche.

— Comme dans l'étable ? demanda une des petites.

Mais la sourde n'entendit toujours pas.

Madeleine était restée à la porte, près de la pauvre infirme. Lorsque ses amies vinrent la rejoindre, elles demandèrent ce que c'était que Louisette.

— Louisette l'innocente, répondit Catherine. Elle n'a que le pain qu'on lui donne, et sa mère est morte d'hier.

— Vous allez la loger ? demanda le docteur.

— La maison est assez grande pour trois, dit la vieille.

Madeleine y entra à son tour. Ce dénuement l'attrista.

On quitta les deux sœurs avec promesse de revenir voir Louisette.

Et les jeunes filles s'entretenaient dans leur promenade de tout ce que n'avaient point ces pauvres femmes ; le lit de l'orpheline les apitoyait particulièrement.

Marthe disait : — Nous lui ferons un oreiller, n'est-ce pas ? Le fermier nous donnera un peu de balle.

— Nous lui trouverons bien de vieux draps dans ton armoire aux pauvres ? ajouta le docteur.

Ce fut le signal pour chacune de dire : — Je demanderai à maman, je demanderai à mon oncle.

— Eh bien, proposa le docteur, Henri nous revient dans quelques jours ; il ira prendre note de tout ce que vous aurez quêté ainsi, afin qu'il n'y ait pas double emploi dans vos cadeaux ; nous avons tant d'autres nécessiteux !

On arrivait devant le petit bois, dont la lisière était fourrée d'arbustes, généralement épineux, formant comme une garde avancée autour des grands arbres.

La famille des rosacées y était gracieusement représentée par les églantiers, aux tiges arquées, portant des baies déjà nuancées de rouge ; les ronces, aux grappes de mûres noires sur des rameaux diffus ; les aubépines, aux bouquets de fruits grenat ; les prunelliers, aux petites prunes bleuâtres.

Voici encore les groseilliers sauvages, les houx, aux baies de corail entre des feuilles épineuses, les nerpruns, fusains, viornes, dont les fruits remplaçaient déjà les fleurs.

Le docteur les présenta à ses jeunes amies, comme de petites familles voisines de celles plus importantes qu'il leur avait déjà fait connaître.

— Que vous dirai-je de ce menu peuple ? ajouta-t-il. L'analyse des fleurs n'en serait pas intéressante. Notons seulement que dans les groseilliers ou ribes, le calice est souvent coloré, avec cinq pétales bas, en sorte d'écailles, et un ovaire sur lequel se referme le calice, pour former un fruit en baie molle.

Vous connaissez nos groseilles à grappes rouges ou blanches, dont vous faites des sirops et des gelées ? Elles contiennent un mucilage sucré et acidulé, rafraîchissant.

Les groseilliers épineux sont dits à maquereau, parce que leurs grosses baies, à saveur aigrelette avant la maturité, donnent au maquereau un goût moins fade.

Le cassis est un groseillier à fruits noirs ; leur suc est légèrement astringent et stimulant.

L'écorce de la baie exsude une sorte de poussière résineuse aromatique, qui se dissout dans l'alcool et donne à la liqueur qu'on en prépare un arome stomachique.

Les nerpruns ont un bois très léger, dont le charbon est regardé comme le meilleur entre tous pour la fabrication de la poudre.

Groseillier

Le fusain, bonnet carré, aux fruits roses, à quatre angles, avec des graines osseuses d'un jaune orangé, est brûlé au four dans des boîtes de fer-blanc, pour devenir ces crayons à dessin dont la pointe ne peut se tailler que sur un des bords, parce que le milieu n'est que de la moëlle.

Ces viornes-aubier, aux ombelles ramifiées de baies rouges, ont porté des fleurs d'un blanc jaunâtre. Les plus extérieures, à corolle assez grande, sont sans étamines ni ovaire, ce qui vous explique pourquoi leurs pédoncules ne portent pas de fruits ; celles du centre, beaucoup plus petites, sont avec étamines et ovaire.

Les viornes-tins, lauriers-tins, qui ne sont pas du tout des lauriers, ont gardé le type des petites fleurs et abandonné

celui des plus grandes aux viornes boule-de-neige, que vous
connaissez au printemps dans nos massifs.

Les hortensias les rappellent comme inflorescence ; mais
remarquez que leur toute petite corolle est largement dépassée
dans son pourtour par un calice de même couleur, longtemps
verdâtre avant la floraison.

Le sureau est aussi à ombelles de petites fleurs soufrées,
auxquelles succèdent de petites baies noires. Il se plaît dans le
voisinage des habitations rurales, offrant aux travailleurs sa
vertu sudorifique, après les accidents que peuvent causer des
imprudences, à la suite de fatigues sous la grande chaleur.

Bien que leur corolle soit irrégulière et en cornet, les chèvrefeuilles peuvent se placer ici avec leurs baies rouges ou blan-

Chèvrefeuille

ches. Leurs tiges grêles sont souvent volubiles, c'est-à-dire
s'enroulant autour des corps voisins pour s'y appuyer. Plusieurs
espèces sont à nombreuses ramifications délicates, et non
enroulantes. Quelques-unes sont à feuilles toujours vertes.

Le nom de caprifoliacées donné parfois à la famille, vient de
capra (chèvre) et *folia* (feuilles). Les chèvres, en effet, sont
friandes de leurs jeunes pousses ; du reste, elles le sont de la

plupart des arbustes que nous venons de rencontrer et dont certains auteurs font entrer une partie dans les caprifoliacées.

Ces lierres qui décorent si agréablement, pour nos yeux, le tronc de nos arbres et les vieux murs, sont tout voisins de nos ribésiacées (famille des ribes ou groseilliers) ; leurs feuilles et leurs fruits en baies ont un suc vénéneux purgatif, dont il faut vous défier.

Il semble parasite, parce qu'il s'attache avec des sortes de crampons à l'écorce ou aux pierres. Mais ce ne sont que des moyens d'appui et non des suçoirs. Leurs racines sont dans le sol. S'ils nuisent cependant aux arbres, c'est en les étreignant de ramifications serrées et pressées, qui s'opposent à leur développement et, en outre, les dérobent aux influences atmosphériques.

Gui

Si vous avez vu fleurir les aralias de vos salons, aux amples feuilles vernies, à découpures profondes, vous devinerez qu'ils sont de la famille des lierres.

Le gui, dont la vie aérienne sur nos chênes, pommiers, peupliers, est vraiment parasite, touche encore à toutes ces familles que nous réunissons, bien qu'elles offrent aux botanistes des différences qui les font classer en je ne sais combien de petites familles.

Si le gui prend naissance sur les branches des arbres, ne croyez pas qu'il y vienne sans être sorti d'un germe. Il est impossible d'admettre la génération spontanée.

Ici Marthe se permit une interruption :

— Qui donc s'amuse à le semer là-haut ? demanda-t-elle.

— Les oiseaux qui en ont mangé les graines les déposent ensuite sur les branches où ils ont perché pour dormir, répondit le docteur.

XV

LE JARDIN DE LA VEUVE

Melons et citrouilles (famille des cucurbitacées)

En attendant Henri pour la quête, on retourna à la Maison-aux-Roses pour en rapporter des haricots de provision.

Le docteur avait encouragé la pauvre veuve à faire aussi d'autres cultures pour la vente, et elle avait réussi.

De beaux concombres étendaient leur longueur sur le sol, des melons tardifs achevaient de grossir, et des citrouilles dorées promettaient leur ressource pour l'hiver.

— Citrouille se dit *cucurbita,* commença le docteur, d'où la famille est dite des cucurbitacées.

— *Cucurbita,* répéta Marthe, pour retenir ce nom.

— Ce qui signifie vase, expliqua le docteur, parce qu'on peut les creuser en sorte de coupes.

Certaines courges se façonnent en gourdes ou bouteilles à double renflement.

Ce disant, le docteur cherchait si une fleur arriérée ne se trouverait pas, au moins sur certains pieds de la culture.

Il en découvrit quelques-unes à l'extrémité des tiges sarmenteuses et couchées d'un *cucumis* (concombre).

— Calice en godet, terminé au sommet par cinq divisions en alènes.

Corolle monopétale de couleur jaune, s'épanouissant en cinq divisions allongées et pointues.

Étamines cinq, réunies par leurs têtes.

Ovaire infère.

Style à trois têtes fourchues et épaisses.

Fruit cylindrique allongé, d'abord vert et rugueux (ce sont les cornichons que vous conservez dans du vinaigre), puis devenant lisse et doré, ce sont les concombres que vous assaisonnez en salades.

— J'ai beau chercher, dit Madeleine, je ne vois pas d'ovaire dans ma fleur.

— Et moi pas d'étamines dans la mienne, ajouta une des amies.

— J'oubliais, reprit en effet le malin docteur, que tout cela est en des fleurs différentes.

Mais sur le même pied, ajouta-t-il ; et il en est généralement ainsi dans la famille.

Nos melons, continua-t-il, sont aussi hérissés de poils raides sur leurs tiges traînantes et munies de vrilles comme sur leurs feuilles, à cinq lobes obtus. Leur fruit est marqué de sept à huit côtes. Avez-vous remarqué comme ils semblent coiffés d'un petit couvercle, à l'extrémité opposée à la queue (ou pédoncule) ?

Les melons d'eau ou pastèques, non pas qu'ils croissent dans l'eau, mais parce que la pulpe en est très aqueuse et désaltérante, sont de la même famille, ainsi que l'amère coloquinte à la chair purgative.

— Et nos citrouilles ? demanda Marthe.

— Leurs longues tiges sarmenteuses se traînant sur le sol, pourraient sans doute être grimpantes, ainsi que l'indiquent les vrilles dont elles sont pourvues, répondit le docteur ; mais nous les laissons s'allonger sur des terres échauffées par des fumiers en fermentation, parce que notre température est plus froide que celle de l'Inde dont elles sont originaires.

Les courges, bonnet turc, artichaut de Jérusalem, varient facilement en leurs dimensions et en leurs formes.

Mais, poursuivit-il, s'approchant d'un buisson tout enguirlandé, connaissez-vous cette autre plante rude, aux feuilles découpées en cinq lobes pointus, avec des tiges entortillantes et des vrilles qui se prennent à tout ce qu'elles atteignent ?

— On dirait du houblon, dirent les nouvelles apprenties.

— Mais les fleurs ? se récrièrent les autres, même Madeleine.

Et Marthe se chargea de prouver que les petites fleurs verdâtres du prétendu houblon ressemblent plutôt à celles des concombres.

— Mais, ajouta-t-elle, les étamines se sont sauvées ailleurs. Il n'y en a dans aucune de mes petites grappes.

Le docteur était charmé. Prenant Marthe par la main, il la conduisit devant un autre buisson, où les guirlandes dont il était décoré portaient déjà de petites baies rondes, les unes vertes, les autres rouges.

— C'est bien petit pour des cousines des melons et potirons, dit la jeune fille.

— Dieu vous préserve de citrouilles au haut des arbres, reprit le docteur.

— Il y met bien les noix de coco, répliqua la petite Marthe. Je pense que le bonhomme La Fontaine ne les connaissait pas du temps de sa fable.

Ainsi devisant, on oubliait de savoir le nom de la cucurbitacée des buissons.

— C'est la bryone dioïque, enseigna le docteur.

Sa grosse racine, en navet charnu, est amère, vireuse, nauséa-
bonde. Je vous y ferai goûter peut-être, si vous vous avisez
d'avoir des rhumatismes ou quoi que ce soit qui y ressemble,
ajouta-t-il avec un geste menaçant.

XVI

Cactus

On rentrait, sans quoi le docteur eût parlé des cactus qu'on
classe non loin des groseilliers.

Nos jeunes filles les nommaient des plantes grasses ; mais il
eût été difficile de leur faire admettre que ces mamelons, espacés
sur de grosses tiges bizarres, en sont les rameaux avortés ;
comme les épines acérées qui naissent sur ces mamelons, en
sont les feuilles réduites à de fines nervures dépourvues de
leur parenchyme.

Mais arrivés dans le jardin de l'ami Perdriel, et devant des
ficoïdes épanouies au soleil, il se retourna pour demander : — Que
dites-vous de ces fleurs rouges et des blanches qui ressemblent aux rouges ?

— Ce sont de jolies petites marguerites, qui n'ont pas les
feuilles comme les autres, fut-il répondu.

— Je m'y attendais, dit-il. Voyons, regardez de près, et ne
me dites pas de ces hérésies, continua-t-il.

Il fut reconnu que les languettes rouges ne sont que des
pétales et non pas des fleurons ; que le cœur n'est composé que
d'étamines, et non pas de fleurons ; donc ce n'est pas une
marguerite, puisque ce n'est pas une composée.

— Assez voisines des cactus, dit le docteur, on les nomme d'un nom qui signifie milieu-du-jour, parce qu'elles ne fleurissent, en effet, que dans le milieu de la journée.

— Ficoïde veut dire milieu du jour ? demanda une des petites.

Le docteur eut un commencement de mouvement d'épaules, mais il s'arrêta : pouvaient-elles savoir cette langue étrangère?

— Non pas le nom ficoïde, dit-il; mais leur vrai nom, qui est *mesembrianthemum*.

— Les sédums ont des feuilles rondes et juteuses comme vos *mesembrianthemum,* dit Marthe.

— Feuilles *succulentes,* reprit le docteur, à surface très peu percée de pores ou petits trous, en sorte qu'elles laissent peu évaporer de leur sève, et ont, par conséquent, moins besoin d'eau de réparation. Aussi vivent-ils généralement sur les murs et les rochers.

C'est de leurs feuilles épaisses *(crassula),* que les plantes de cette famille sont appelées crassulées.

Une petite famille voisine, croissant sur les sables durs, porte le nom de saxifragées (brise-pierre).

Dans ces deux familles, la fleur est petite, calice à cinq divisions, pétales cinq.

Dans les crassulées : étamines, cinq.

Dans les saxifragées : dix.

Dans les premières : cinq ovaires, devenant cinq capsules dressées, chacune d'une seule feuille carpellaire.

Dans la seconde : un seul ovaire devenant une capsule à deux loges.

Un bon spécimen des crassulées, continua-t-il, c'est la joubarbe des toits, à feuilles épaisses, disposées en petit artichaut.

Comme type des saxifragées, je ne vois ici que la mignonnette, mignardise, désespoir du peintre, encore est-elle défleurie.

On classe quelquefois les hortensias dans cette famille, et aussi les tamarix de nos rivages maritimes, bien que le nombre quatre y remplace le nombre cinq.

XVII

EN ATTENDANT LA QUÊTE

Sumacs et pistachiers (famille des térébinthacées)

Un sumac à longues feuilles pennées, c'est-à-dire à folioles placées des deux côtés d'un prolongement du pétiole, comme les barbes d'une plume, portait déjà ses petits fruits velus, couleur grenat, au tout petit ovaire devenu osseux.

— Il est dans les térébinthacées (à essence de térébenthine), dit le docteur.

Puis il chercha dans les buissons des massifs un petit arbuste à feuilles de trois larges folioles presque rondes, portant, au lieu de fleurs, des panaches rougeâtres comme plumeux.

Encore un rus ou sumac, dit-il. C'est peut-être parce que les amples grappes sont dépourvues de fleurs qu'elles ont d'autant plus de ramifications plus développées.

Le pistachier de nos provinces méridionales appartient à la même famille.

Vous savez que son petit fruit oblong renferme une amande huileuse et comestible dont les confiseurs préparent certains bonbons.

Toute cette famille ne renferme que des arbres et arbustes, la plupart à suc résineux ou gommo-résineux, âcre, et plus ou moins vénéneux.

Certains auteurs en rapprochent nos noyers.

Du reste, elle est tout exotique et ne se lie à nos familles indigènes que par des intermédiaires qui ne se trouvent pas ici à notre portée.

XVIII

LA QUÊTE

La garance et le café (famille des rubiacées)

Épilobes et fuschias (famille des épilobées)

Henri et Madeleine firent consciencieusement leur quête sur une liste générale, et on convint de ne pas citer les donateurs.

Pour quelques-uns peut-être, une générosité vaniteuse eût été excitée à donner davantage, s'ils avaient dû être nommés. Pour d'autres, l'humiliation de donner peu les eût fait abstenir entièrement, afin de ne pas voir leur nom mesquinement accompagné.

Du reste, il faut le dire, chacun mit bonne volonté à chercher dans ses rebuts, il y en a partout, et vraiment on devrait plus souvent les sauver de la moisissure ou de la casse en les distribuant à ceux pour qui ils seraient une richesse.

Le premier article fut un petit sac de balle, pour faire un oreiller à Louisette. Mais de toile pour enfermer la balle, il n'y en avait pas.

Attendons.

Plus loin, il se trouva trois vieilles toiles à paillasse, venant de trois maisons différentes. Madeleine se promit de les utiliser à en faire une neuve ; et dans les rognures elle trouverait encore celle de l'oreiller.

Ici, il y avait une marmite sans couvercle, et là, un couvercle sans marmite.

Une vieille chaise n'avait que trois pieds, une autre en avait deux ; il se trouverait des gens de bonne volonté pour passer à la première un des membres de la seconde.

Il faudra quatre draps pour en faire un.

Le reste des morceaux représentera des torchons pour essuyer la vaisselle ou les meubles.

Il y avait de vieux souliers, parmi lesquels quelques-uns très portables.

De vieilles robes deviendraient bonnes, moyennant des réductions d'étoffe inutile.

D'autres reparaîtraient métamorphosées en tabliers ou en *mouchoirs de cou,* comme disait Sylvaine.

Des restes de linge, de rideaux, tout pouvait être rajeuni par Madeleine avec le secours de ses amies.

Un beau zèle les anima de nouveau. On se mit à l'œuvre aussitôt. Madeleine taillait, avec les conseils expérimentés de Sylvaine ; chacune des amies venait prendre un petit paquet à coudre selon les indications données, puis on devait se réunir pour compléter les objets, les achever, les essayer.

Bien entendu, on commença par le plus pressé. Voilà déjà un bon petit paquet à offrir, et Henri voulut bien s'en charger. Partie faite, toutes les jeunes ouvrières en prirent leur part.

La marmite était embarrassante, on la mit dans la toile à paillasse ; ce fut le lot d'Henri, qui le chargea sur son épaule.

Deux petites inventèrent de porter la chaise à deux ; qui par les pieds, qui par le dos.

Il fallut empêcher les autres de mettre sur leurs épaules le châle de Louisette, et sur leur tête sa coiffe de paysanne.

Marthe avait fait la quête aux sous. Elle en reçut assez pour les échanger contre quelques pièces de un franc ; un beau succès.

Vraiment la promenade fut joyeuse. Mais qui dira l'étonnement heureux des deux pauvres vieilles ?

Elles ne pouvaient croire, elles se trouvaient riches, elles étaient trop troublées pour remercier.

Louisette l'innocente riait à la manière des enfants. Puis, tout à coup habillée de neuf, et ravie, elle fit une belle révérence en se tournant de droite et de gauche avec la naïveté de son malheur.

Les vieilles femmes la trouvèrent charmante et imaginèrent de lui faire embrasser tout le monde ; Henri même s'y prêta.

Il y eut un moment de joie sous ce pauvre toit, et les jeunes filles qui la donnaient en avaient bien leur part.

On se promit de revenir encore les mains chargées, mais on ne le dit pas. La surprise double ces fêtes de charité.

Où donc était le docteur ? La pauvre veuve l'avait fait demander, non plus pour elle, mais pour petit Pierre, son dernier, son unique.

Le docteur en revenait donc, et il passait chez les deux sœurs pour rejoindre les apporteuses de bienfaits.

Il les trouva sur la route. Bonne occasion d'herboriser, et cette fois le secours d'Henri ne fut pas inutile pour atteindre les longues tiges accrochantes des gratterons ou *gallium*, emmêlées dans les buissons du chemin. C'étaient de très petites feuilles ovales, pointues et accrochantes sur leurs bords en verticilles espacés sur des tiges grêles, aux cimes desquelles fleurissaient des grappes lâches, de très petites fleurs violacées. Calice à quatre dents peu distinctes, corolle en roue d'une seule pièce, à quatre divisions, fruit sec en deux carpelles nus, presque globuleux, se séparant à maturité et rappelant les coques des ombellifères.

On trouva plus loin les amples grappes blanches de la morgeline, et au pied des talus, les tiges peu élevées et flétries de la croisette velue ou *gallium* caille-lait, aux couronnes espacées de petites fleurs jaunes, reposant sur de petites couronnes de huit petites feuilles ovales.

La garance ou *rubia* (rouge), ainsi nommée à cause de la couleur rouge que contiennent ses racines, comme celles de toute la famille, est cultivée dans le Midi pour la teinture des draps de l'armée.

Cette famille des rubiacées, si grêle en nos contrées, renferme

des arbres dans les pays plus chauds ; le caféier, arbre au café,
ainsi que l'arbre au quinquina.

— Le café ! reprirent-elles étonnées.

— Dans les cafés du commerce, continua le docteur, vous
trouvez quelquefois des grains encore enveloppés de leur petite
coque, mais vous verrez rarement les deux petites coques
accolées ensemble, parce qu'on ne les cueille qu'après la
maturité, alors qu'elles se séparent. Sur les rameaux de l'arbre,
ces fruits à doubles graines, rappelant par leur couleur et leur
forme celle du houx, sont disposés quatre par quatre en
verticilles, au-dessus de verticilles de feuilles ovales comme
celles de nos pruniers.

Pour l'arbre au quinquina, c'est son écorce que nous exploi-
tons et non pas ses fruits.

Vous savez qu'on l'emploie en infusions toniques, recon-
stituantes.

On en extrait le sulfate de quinine, le plus puissant de nos
fébrifuges.

Henri s'approcha de sa sœur, lui présentant un épilobe à
petites fleurs roses en épi, avec celles du bas remplacées par
une silique grêle toute chevelue à l'intérieur.

— Encore une corolle d'une seule pièce, avec quatre lobes
semblant des pétales, dit-il ; mais...

— Mais, reprirent plusieurs voix, pas les petites coques des
rubiacées.

— Famille des épilobées, dit le docteur (fleurs en épi avec
silique à deux lobes ou valves). Ils sont tous roses ; calice à
quatre divisions, quatre divisions à la corolle, quatre étamines
à tête ronde, un style tantôt à tête ronde, tantôt à quatre
branches courtes et épaisses.

Dans la même famille, l'onagre ou *œnathore,* est à fleurs
plus larges et de couleur jaune.

Les fuschias en font aussi partie ; le calice est rouge ou rose,
avec les pétales rouges, ou bleus, ou blancs. Tout cela est
à vérifier sur vos espèces simples.

XIX

CELUI QUE VOUS AIMEZ EST MALADE

Scabieuses et dipsacus (famille des dipsacées)

Valérianes et valérianelles (famille des valérianées)

Les campanules (famille des campanulées)

Il était bien malade le petit Pierre. On déclara un matin que c'était la fièvre typhoïde. Le cerveau s'était pris, le mal marchait vite.

C'est Henri qui eut la pensée d'écrire à Annette pour le frère de Marie-Ange.

Il disait simplement : Dites à votre petite amie du ciel : Celui que vous aimez est malade.

Puis il céda la plume à Madeleine pour des détails. Enfin, Marthe survenant, ajoutait : Mets un cierge devant la grotte et prie avec ta grand'mère.

Hélas ! le typhus est terrible ! La pauvre veuve le savait. Les jours, elle les passait près du petit lit, où la fièvre accablait ou exaltait l'enfant, selon les crises. Les nuits, elle les passait à la même place.

Sylvaine lui apportait du bouillon ; la vieille sourde était là qui faisait chauffer les tisanes. Personne ne se parlait ; on eût dit la longue veillée près d'un mort.

Le docteur cependant continuait ses leçons, après la visite au malade. Un jour, il rapporta de la Maison-aux-Roses une scabieuse, qu'on nomme la fleur des veuves. Peut-être la pauvre veuve avait-elle entendu ce nom, il y avait toujours des scabieuses dans quelque coin de son petit jardin.

— Passons aux voisines des composées, dit-il en montrant le quatrième rond sur le tableau des caliciflores.

Je suis sûr, ajouta-t-il, que vous prenez ma scabieuse pour une vraie composée. Et il en donna quelques-unes à examiner.

— Fleurons en cornet, dit l'une des jeunes filles : quatre étamines, un long style sur un petit ovaire qui est au fond d'un calice.

— Lequel calice est chaussé d'une petite poche, d'une petite collerette, d'une petite couronne, ajouta une autre.

— On dit un involucelle (petit entourage), rectifia le docteur. Il s'accroît comme une bourse lâche enveloppant le calice jusqu'au cou et le laissant déborder au sommet en une petite couronne membraneuse ou en cinq dents, selon les espèces.

— Les composées n'ont pas d'involucelle, dit Madeleine, et leur graine reste comme nue.

— De plus, leur style passe dans un petit fourreau, ajouta Marthe, et il a deux branches.

— Très bien, approuva le docteur.

Puis il exhiba une grosse tête ovale de dipsacus, aux fleurs petites et bleues, entre de petites bractées ou paillettes scarieuses, garnies d'épines ramifiées et crochues.

— *Dipsacus* (du grec *dipsaô*, j'ai soif), d'où la famille est dite des dipsacées ; ses grosses têtes épineuses servent à peigner les étoffes de laine, tissées ou foulées, d'où on le nomme cardère ; et de là, chardon à foulons.

— Il a bien l'air d'un chardon, en effet, avec des épines le long de sa tige, le long de la nervure de ses feuilles, et sur leurs bords ; mais pourquoi ce nom de *dipsacus ?* demanda une des sérieuses.

— On devrait plutôt l'appeler d'un nom qui signifierait : J'enlève la soif, répondit le docteur ; car il offre à boire aux petits oiseaux, dans les coupes échelonnées le long de sa tige.

— Comment cela ? demanda-t-on.

Mais Sylvaine cherchait le docteur pour lui donner des nouvelles. Il quitta brusquement les jeunes filles, qui reprirent leur couture. Peut-être avaient-elles destiné au malade une des petites blouses qu'elles achevaient.

Cependant on reprit à causer, et on se demandait : —Qu'est-ce donc que les coupes du *dipsacus* où vont boire les petits oiseaux ?

— Henri me les a fait voir, répondit Madeleine ; ce sont deux feuilles soudées bord à bord en entourant la tige, ce qui fait une coupe circulaire autour d'une sorte de tube central.

— Rien de pire, dit le docteur en rentrant, du ton de quelqu'un qui ne veut pas être questionné.

Il avait déposé sur la table quelques fleurs bleues en tête, comme les composées et les dipsacées. Il les nomma des jasiones et voulut les faire examiner aux petites couturières.

Elles se trompèrent toutes sur la famille ; il y comptait bien.

— Attendez, dit-il, c'est la disposition en tête qui vous induit en erreur.

Et il remplaça aux mains des jeunes filles la jasione, par une grappe élevée de petites clochettes d'un bleu lilas, qu'il nomma la campanule-raiponce.

Alors il leur expliqua que campanule veut dire cloche. Les campanulées ont une corolle en cloche à cinq divisions, avec un calice tubulé à la base, aussi à cinq divisions au sommet, cinq étamines aux filets élargis et soudés en un fourreau, comme chez les composées ; un style poilu, d'abord p'us court que les étamines, puis les dépassant longuement ; fruit en capsule, couronné par les divisions du calice, graines nombreuses et petites.

Les grosses campanules ont un port raide. Il y en a d'autres plus élégantes en leur maintien. La petite campanule à feuille de lierre, aux tiges vraiment filiformes, fait souvent un délicieux tapis sous le chaume des moissons.

— Monsieur, il est mort ! vint jeter au docteur la pauvre

Sylvaine. Et elle pleurait, car elle s'était attachée à la mère et à l'enfant.

— J'avais espéré en sa sœur, dit Madeleine ; puis elle se reprit : Espéré pour la mère, car, le pauvre enfant, le voilà heureux.

On se remit en silence à la petite blouse, qui serait pour un autre de même taille.

— Docteur, venez le voir, dit tout à coup M. le curé qui accourait tremblant d'émotion ; les prières de Lourdes l'ont rendu à sa mère.

Les jeunes filles suivirent ; et le long du petit bourg leurs mères, les amies, les enfants, tout le monde suivait.

Lorsqu'on entra, la mère pleurait, les mains sur le visage. Mon Dieu ! mon Dieu ! Voilà tout ce qu'on entendait. Son courage avait faibli devant l'émotion de la joie.

L'enfant, assis dans son lit, jouait avec le chapelet qu'on avait mis à son cou, et de temps en temps il regardait sa mère, puis tous ceux qui arrivaient.

— A genoux ! dit le curé. Il y eut un silence ému, pendant que le docteur s'approchait du malade. Alors la mère se leva pour écouter.

— Plus de fièvre, dit le vieillard ; encore un peu de faiblesse dans le pouls. Vous pouvez lui offrir un bouillon.

L'enfant sourit et le demanda à sa mère. Du foyer au lit, le petit bol de bouillon passa de mains en mains jusqu'à la pauvre femme.

L'enfant la remercia en l'embrassant de ses deux bras et demandant à se lever.

Alors éclata un *Magnificat* comme à Lourdes, et les cloches de l'église sonnaient triomphalement, ainsi que l'avait fait prescrire le curé, par un petit servant de messe, qu'il avait trouvé sur le chemin.

A quelques jours de là, c'est à la Maison-du-Bois que le typhus faisait sa funèbre visite. Les deux vieilles sœurs et Louisette l'innocente étaient ensemble sur leurs pauvres lits.

Les soins ne manquèrent pas, Sylvaine oubliait son âge devant de telles situations ; la veuve même quittait son fils pour prendre son tour dans le service des pauvres malades. Rien n'avait pu arrêter Madeleine. Elle les assista jusqu'à la dernière heure de la dernière enlevée.

Ce fut d'abord l'innocente, que les bonnes vieilles pleurèrent comme leur enfant. Elles la suivirent bientôt, sans crainte et sans peine, puisque chacune savait qu'elle ne laisserait pas sa sœur pour pleurer après elle. Le ministère du prêtre fut facile devant ces résignations pleines de confiance.

Leurs trois cercueils reçurent ensemble les mêmes prières. L'enfant guéri suivait le convoi.

La terreur fut grande dans le voisinage. Chacun tremblait pour tous les siens. Plus d'un, négligent de son âme depuis longtemps, s'en souvint devant cette menace d'en haut. Et n'est-ce pas le but que voit Dieu, lorsqu'il frappe ainsi ?

Il se laissa apaiser ; les jours passèrent sans nouvelles menaces, et chacun retourna à ses occcupations accoutumées.

XX

DEUX CHASSEURS

Bruyères, rhododendrons, arbousiers, etc.

Cinq familles d'arbustes

Les tertres et les landes se couvraient de bruyères variées. Une promenade s'organisa pour en rapporter des bouquets qui devaient se conserver sans se flétrir, dans les corbeilles du salon.

On en trouva de rose vif, de rose tendre, de rose violacé, de rose gris. Toutes à petites grappes en grelots, excepté les rose-gris, dont la petite corolle était basse et ouverte, avec les pétales recoquillés en dessous.

— Quelles menues feuilles, disait-on, lorsque Marthe s'aperçut qu'elles sont roulées en dessous par les deux bords, ce qui leur donne un aspect tout particulier.

— A quoi sert la bruyère ? demanda-t-on au docteur lorsqu'il apparut à son retour.

Bruyère

— On l'emploie comme combustible dans les pays pauvres, répondit-il ; on en fait la litière dans les étables, on en façonne des balais pour les cours.

— Et des bouquets pour l'hiver, ajouta une des petites.

— Elle vient avec les ajoncs dans les terres maigres, où d'autres végétaux ne pourraient vivre. Leurs débris, qui s'y décomposent en partie, améliorent peu à peu le sol, et l'amènent à la longue à pouvoir produire autre chose.

— Mais c'est lent ? demanda Madeleine.

— Lent et durable, répondit son grand-père ; tout progrès durable est lent.

— C'est comme le progrès de notre perfection, reprit la jeune fille, parce que les effets en dureront éternellement.

— Oh ! ma chère, tu parles pour les autres, lui retourna Marthe ; pour toi, ta perfection va au contraire grand train.

— Eh bien, partez aussi grand train pour la suivre, dit M. Perdriel qui arrivait avec Henri, tous deux en tenue de chasseurs.

— Mlle Marthe fera bien de ne rien changer à son pas, reprit Henri ; Madeleine la conduirait peut-être trop loin.

— Pas plus loin que le plus proche couvent, commençait Marthe.

Mais, sur un signe de Madeleine, elle s'arrêta. Le grand-père écoutait.

— Savez-vous, dit Henri qui voulait détourner le cours des pensées, que bruyère se dit *erica* (du grec *creicô,* je brise), d'où la famille est nommée des éricacées.

Les éricacées du premier ordre, c'est ainsi qu'on les désigne, continua-t-il, sont de beaux arbustes des montagnes, dont le nom signifie arbre à roses, d'où on a fait rosages, et que nous arrangeons en celui de rhododendrons.

— A côté des bruyères ? se récria-t-on.

— Princes de la famille, dont les bruyères sont l'humble peuple, répondit le jeune docteur.

Je vous offre des airelles pour produit de ma chasse, reprit-il, sortant de sa gibecière, vide de tout autre gibier, de petits rameaux à petites feuilles ovales, chargés de baies d'un brun bleuâtre.

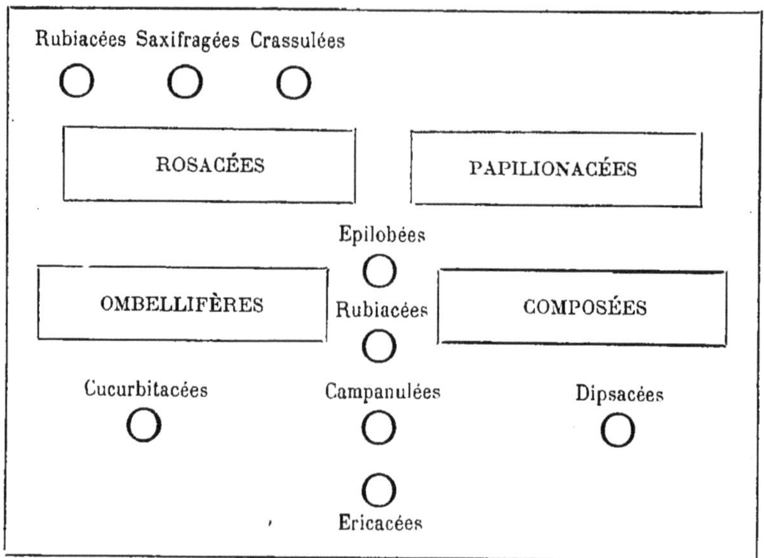

Elles sont un peu aigrelettes, mais vous pouvez les goûter sans danger, continua-t-il. On en fait des sirops rafraîchissants.

— Airelle est le nom du fruit. L'arbuste porte celui de myrtille. Vous le trouverez dans les bois. Petit de taille, il a des fleurs très peu apparentes.

Ici se terminent nos familles caliciflores, continua le docteur. Nous aurons à inscrire sur leur tableau celles que nous venons de voir aujourd'hui.

— Mais où faudra-t-il les placer? demanda Marthe à Henri.

XXI

QUE ME VEUT-ELLE ?

Orobanches (famille des orobanchées)

« Monsieur,

« Notre bonne mère me permet de vous écrire, mais il y a des questions qui se traitent mieux dans un entretien ; auriez-vous la bonté de venir au Sacré-Cœur ? Je serais heureuse de vous parler d'une chose qui est importante pour vous et pour une personne qui nous est chère, etc. etc. »

Mme Célina ne soupçonnait pas de quel glaive elle perçait le cœur du vieux grand-père.

Il n'eut pas d'autre pensée que celle de voir une manœuvre sournoise de Madeleine, dans cette façon d'agir par intermédiaire, et il se sentit blessé par ce procédé indigne de leur affection réciproque.

Aussi se borna-t-il à dire qu'une affaire l'appelait à Rennes, sans entrer dans aucune explication. Il fut sec en ses paroles, préoccupé, sombre.

Madeleine en resta toute contrainte, et il ne s'en étonna pas.

La jeune fille se demandait quelle affaire il pouvait avoir à Rennes, et lorsque son frère vint sur le soir, elle avait vraiment besoin de lui confier ses impressions de tristesse.

Mais que se passa-t-il au Sacré-Cœur ? Le grand-père revint plus joyeux que de coutume. Il embrassa Madeleine avec effusion, et fut plein de verve en ses propos avec Henri.

Cependant, le lendemain, on se réunissait chez Marthe.

Une nouvelle feuille de papier fut attachée à la boiserie ; c'était la troisième des dicotylédonées.

Le docteur y inscrivait en titre :

COROLIFLORES

Puis il traça deux grands carrés.

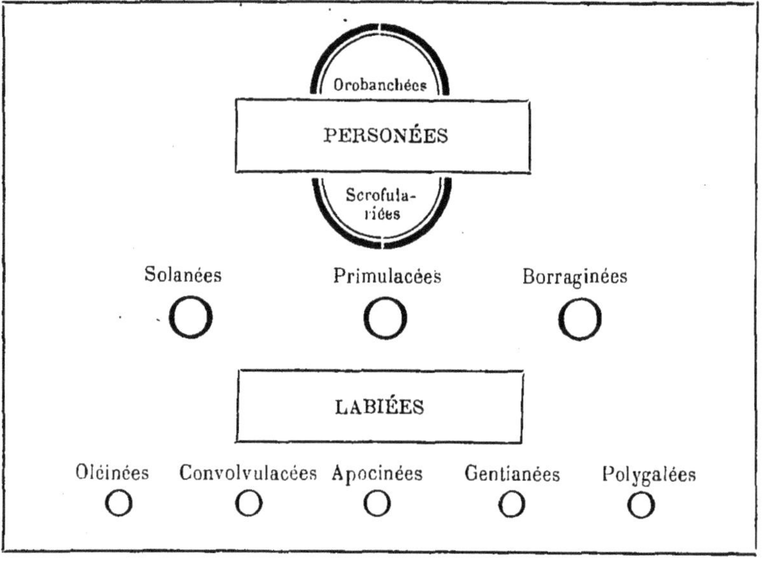

— Vous rappelez-vous les personées en masque ou gueule ? demanda-t-il tout en écrivant.

— Gueule-de-lion, par exemple, s'empressa de répondre Marthe.

— Eh bien, voilà qui leur ressemble beaucoup, dit le docteur sortant de sa poche une haute quenouille ou épi de fleurs couleur de rouille, et de consistance toute sèche comme un mince papier.

— On dirait qu'elle sort de l'herbier, prétendit une des enfants.

— Et le docteur nous l'apporte sans feuilles, dit une autre, lui qui recommande toujours d'en laisser à nos échantillons.

— Il eût fallu lui en coller de postiches, comme vos frisettes, répliqua-t-il, tirant doucement sur la chevelure d'emprunt d'une des grandes ; les orobanchées n'ont jamais de feuilles, parce qu'elles sont parasites.

— Pourtant, je n'en ai jamais vu sur nos arbres, reprit une des petites.

— Il faudra vous baisser, au lieu de regarder en l'air, répondit le docteur ; elle pousse sur les racines de nos genêts, si bien que vous la croiriez plantée dans la terre.

Les racines de beaucoup d'autres plantes nourrissent aussi d'autres espèces parasites.

Leurs fleurs ne sont pas toujours de couleur rouille, mais toujours de couleurs ternes.

Avez-vous trouvé dans les bois, au printemps, la *lathræa clandestina,* cachée sous les feuilles tombées qui couvrent le sol ? Elle est toute basse, à tête en casque liliacé pâle. Elle vit sur les racines des chênes, frênes, châtaigniers, noyers.

— Je la connais, dirent plusieurs ; elle est ravissante sous son linceul de feuilles noircies.

———

XXII

LA VIEILLE DAME

Cuscute et convolvulus (famille des convolvulacées)

Il y avait dans les clientes du vieux docteur une vieille dame infirme à la suite d'un accident, mais toujours jeune pour ses amies. Seule dans un manoir oublié du monde, elle vivait en société de ses souvenirs ; calme en ses habitudes comme en ses pensées, elle inspirait la confiance et aussi l'affection.

Que faisait-elle de ses longues heures solitaires ?

Elle les offrait à Dieu et marchait en sa présence.

Elle consultait en son cœur ceux qu'elle avait perdus, et animait toute sa vie de la pensée qu'ils la secouraient dans ses difficultés et l'approuvaient dans ses efforts pour le bien.

C'est à elle que pensa le docteur, pour le service délicat qu'il avait promis de demander.

Au mot de service, la vieille dame remercia.

— J'ai si peu occasion d'en rendre, dit-elle ; vous êtes bien aimable de m'en apporter une.

— Madame, il ne s'agit pas de votre bourse pour nos pauvres, dit le docteur, ce serait empiéter sur le rôle de notre bon curé.

— Est-ce du travail que vous me demandez ? essaya-t-elle.

— Non, je vous laisse tricoter pour les vieillards et les petits malheureux, répondit-il encore. C'est bien plus difficile que cela.

Et réellement le docteur était embarrassé.

Enfin, il se vainquit et il commença :

— Jamais je ne vous ai assez dit ce que vaut Madeleine, combien elle est bonne, dévouée, sérieuse et charmante.

— Et on veut vous l'enlever par un mariage ? interrompit la vieille dame. Étudiez bien le prétendant, ne la donnez pas sans bien connaître. Mon ami, elle sera difficile à rendre heureuse, parce qu'elle se souviendra de son grand-père et de son frère, dont les copies ne se retrouvent pas tous les jours.

Le docteur ne pensa pas à s'incliner pour lui et pour son petit-fils. Il poursuivit courageusement et sans s'arrêter :

— Mais il faut des occasions d'étudier et de connaître ; j'ose m'adresser à votre bonté pour m'y aider. Voulez-vous bien recevoir comme un de vos amis le frère de Mme Célina ? Vous seule devrez savoir ce qu'il vient faire en nos parages, où il passera tout simplement pour un de vos amis.

Pourquoi le docteur avait-il hésité ?

— Antoine ! dit la vieille amie. Oh ! oui, de tout mon cœur.

Je le connais sans l'avoir jamais vu, une de ses tantes m'en a tant parlé. Voyez ! il habite déjà sous mon toit !

Elle feuilleta un album où de nombreuses photographies se faisaient société sur sa petite table de travail.

Le visage du docteur devint radieux : la physionomie d'Antoine était intelligente, ouverte, les traits agréables, l'ensemble simple et de bonne mine.

— Je vais donc écrire à Mme Célina que vous avez la bonté de recevoir son frère.

— Et je vais lui écrire à lui-même, dit la vieille dame. Madeleine ne sait rien ? demanda-t-elle.

— Rien, rien, rien, affirma-t-il. Personne ne sait rien, pas même Henri.

Le bon grand-père passa par l'église ; il remerciait et demandait. C'était le bonheur de Madeleine ! Dieu seul peut le donner selon le plus grand bien.

— Et notre tableau ? dit-il en revenant près des jeunes filles.

Je vous apporte un parasite aux menues fleurs, sur des tiges grêles, aux enlacements redoublés, continua-t-il, leur offrant un rameau d'ajonc enserré dans les écheveaux de soie rouge, qu'avait devidés sur ses épines la petite cuscute.

— Voici la même sur cette branche de trèfle, continua-t-il.

Les deux spécimens passèrent de main en main, et sans doute parce que la cuscute a de mignonnes petites fleurs rosées, on ne pensa pas à lui reprocher ses méfaits.

— Mais, reprit-il, ne voyez-vous pas que ma charmante cuscute détruit les plantes qui la nourrissent ? Lorsqu'elle entre dans un champ de trèfle ou de luzerne, elle le ronge comme les sauterelles d'Afrique. Elle se propage vite, portant de nombreuses graines qui lèvent rapidement et lancent tout à l'entour leurs tiges à suçoirs. Mais elles ne se contentent pas de boire le sang de leurs victimes, elles les serrent jusqu'à les étrangler dans leurs enlacements.

— Cependant, la cuscute entre honnêtement dans la vie, reprit le docteur. Elle lève dans le sol, selon le droit de toute plante. Mais aussitôt que ses tiges ont commencé à se nourrir en parasites, de la sève empruntée à leurs appuis, elle sèche par le pied, laissant aux suçoirs des parties supérieures le soin de la faire vivre.

Vous devinez bien que la cuscute n'est pas une orobanchée. Admettrez-vous qu'elle est classée dans les convolvulacées, et cela, non pas pour ses tiges volubiles, mais pour les caractères de sa fleur?

Les convolvulus, volubilis, liserons, aux grandes cloches blanches, le long de tiges très volubiles, s'enlaçant à nos menus arbustes, sont un bon type de leur famille; ainsi que les ipomées de diverses couleurs et de diverses nuances, que nous aimons à voir grimper le long de nos treillages ou de nos berceaux.

Marthe se leva pour en cueillir dans le jardin.

— C'est bien mieux qu'une ingrate description, dit le docteur.

Il fit compter sur le calice cinq divisions profondes, et à sa base, deux bractéoles en larges oreilles étalées; corolle en cloche de cinq pétales soudés ensemble, marqués chacun d'un pli dans le sens de leur longueur; étamines cinq, un style sur un ovaire arrondi qui devient une capsule en coque sèche.

Les petits liserons blancs ou rosés, qui se traînent sur nos cultures et sur le bord des chemins, sont encore de la même famille.

D'autres espèces, non volubiles, sont bleues, jaunes. Celle que nous cultivons sous le nom de dame d'onze heures ou belle-de-jour, est une des plus jolies, avec les nuances bleues du sommet de la corolle se dégradant jusqu'au fond de la cloche, qui est jaune ou quelquefois blanc.

Cette gracieuse famille, si élégante dans ses fleurs, a de grosses racines aplaties, larges, charnues, de couleur noire, et au suc âcre.

Des espèces exotiques fournissent à nos pharmacies le jalap et la scammonée.

Plus d'une, entre les écoutantes, fit une mine de dégoût, au souvenir que ces noms évoquaient pour elles.

— Où placerons-nous cette famille ? se demandait le docteur.

Il la jeta de côté sans la rattacher à aucune des autres familles inscrites.

— Je n'en maintiens pas moins, expliqua-t-il, que toutes les familles naturelles se relient les unes aux autres, mais quelquefois par des intermédiaires qui ne sont pas à notre portée.

XXIII

LES FLEURS DE LA MONTAGNE

Gentianes et ménianthe (famille des gentianées)

Polygala (famille des polygalées)

Le petit frère de Marie-Ange était bien et solidement guéri. Beaucoup de gens allaient le voir ; la Maison-aux-Roses était devenue comme un lieu de pèlerinage à Notre-Dame de Lourdes. L'enfant était joyeux, parce qu'il était en santé ; il faisait charmant accueil à tout le monde, envoyant des baisers sur le bout de ses doigts, et disant tous les bonjours que sa mère demandait pour les allants et venants. Mais si on cherchait à lui enlever le chapelet qu'il conservait au cou depuis le jour de son retour à la santé, il le défendait avec ardeur ; puis il courait se cacher pour qu'on cessât de le poursuivre.

Madeleine avait écrit tous les détails à Annette ; Marthe lui demanda des fleurs de la sainte montagne, pour que l'enfant eût quelque chose à offrir à ses visiteurs. Annette envoya entre autres de délicieuses petites gentianes bleues, que nos jeunes filles appelèrent des liserons. Malheureusement elles arrivèrent la corolle fermée, selon leur regrettable habitude, dès qu'elles sont détachées de leur souche.

Le docteur n'avait pas eu connaissance de cet envoi, et fut tout étonné, un jour, en entendant parler des liserons de Lourdes.

Il s'avisa de les regarder, et il allait se récrier sur l'erreur de famille. Mais il chercha comment il caractériserait celle des gentianées, et il y renonça.

Cependant il rectifia l'erreur qui s'était redite jusqu'ici sans contrôle, et il ajouta que toute cette petite famille des gentianées est à suc amer. Il cita la petite centaurée rose, ou plutôt la chéronée, qu'il avait tant de fois envoyé cueillir pour en faire des infusions fébrifuges.

Il rappela le ménianthe ou trèfle d'eau, qui élève dans les eaux tranquilles ses grappes dressées de jolies fleurs rosées, en cornets un peu irréguliers, entre des feuilles de trois larges folioles, disposées comme celles des trèfles.

Toutes connaissaient ces plantes à tisane, comme les appelait Sylvaine.

A propos de plantes amères, continua le docteur, je veux vous nommer un joli petit polygala bleu, rarement rose, qui fleurit au printemps sur la lisière de nos prairies, et que vous prenez peut-être pour une légumineuse papilionacée.

— Il y en a un en arbuste dans la serre, dit Marthe. Elle partit et revint, prompte comme son âge.

— Calice coloré comme la corolle, indiqua le docteur, cinq pièces très inégales, dont trois externes très petites, en dedans desquelles deux très grandes se referment comme des ailes aux deux côtés de la corolle, laquelle est en tube fendu d'où s'échappent huit étamines en deux groupes égaux. Ovaire à deux loges devenant une capsule aplatie, échancrée en cœur à son sommet et bordée d'une petite membrane mince.

La racine est gorgée d'un suc laiteux amer. Polygala signifie *lait abondant*. Les polygalées sont peu nombreuses en nos climats.

Les botanistes la jettent à droite ou à gauche et semblent fort embarrassés de lui trouver des voisines.

Rien ne nous empêche de l'inscrire du côté du ménianthe, bien qu'il ne ressemble guère aux gentianées que par son amertume.

XXIV

UNE INVITATION POUR HENRI

Pervenches, laurier-rose, apocyn (famille des apocynées)

Manoir d'en haut.

« Mon ami,

« Je sais que vous êtes rarement dans votre famille, aussi j'hésite à vous demander de la quitter quelques heures ; mais j'ai un jeune ami que je voudrais vous présenter, et vous savez que je ne puis vous le conduire. Il doit passer peu de jours chez moi, je vous demande donc de dîner avec nous le plus tôt possible.

« Votre vieille amie. »

Henri ne tarda pas. Il aimait beaucoup la vieille dame d'en haut et ne redoutait pas une nouvelle connaissance.

Pendant qu'il dînait donc au manoir, Madeleine et Marthe

s'acheminèrent vers la Maison-aux-Roses, passant devant la hutte vide des deux sœurs et de l'innocente.

Elles se souvinrent d'Annette, de la pauvre aveugle et de Marie-Ange.

— Toutes heureuses, dit Madeleine, après qu'elles ont souffert et espéré.

— Je me demande ce que deviendra Annette, répondit Marthe.

— Elle veut rester au couvent, rappela Madeleine.

— Mais, ma chère, le couvent là-bas, ce n'est pas gai pour cette petite Bretonne. Elle a beau se dire heureuse et contente, papa croit que ce sont les religieuses qui la font écrire.

— Le couvent là-bas ou ici, qu'importe à celle qui est appelée de Dieu? reprit Madeleine avec vivacité. Sait-on jamais où on vivra lorsqu'une communauté veut bien vous recevoir?

— Ainsi tu partirais pour les missions comme pour Rennes? dit la petite amie en riant.

— Comme pour le ciel, répondit Madeleine.

Le frère de Marie-Ange était sur le chemin, ramassant les beaux marrons d'Inde que le froid de la nuit avait fait tomber. Il accourut les bras ouverts, ne sachant à laquelle des jeunes filles il les tendrait la première.

— Que fais-tu de tes beaux marrons ? demanda Marthe pendant qu'il était au cou de Madeleine.

— Je les perce avec un clou pour les enfiler avec une corde rouge, si tu veux m'en donner, Mademoiselle, répondit l'enfant.

— Tu veux en faire un chapelet ? demanda-t-elle en riant.

— Oui, pour Annette de Notre-Dame, qui m'a guéri.

— Nous l'enverrons quand il sera fait, promit Marthe, et je vais te chercher tantôt une jolie corde rouge.

— Moi, je vais te donner à chacune des fleurs, reprit l'enfant ; et les prenant par la main, il les conduisit près de la maison. Il commençait à grimper sur l'auge vieillie où fleurissait un laurier-rose, lorsqu'elles voulurent l'arrêter ; mais il avait déjà coupé la plus belle branche.

— Quelle odeur vireuse, dit Madeleine. Est-ce que ce serait une plante dangereuse ?

— Ton grand-père dit qu'elles avertissent ainsi de s'en défier, répondit Marthe.

Bientôt les jeunes filles revinrent, et Marthe passant son bras sous celui de son amie, lui dit tout à coup :

— Madeleine, tu as le dessein d'être religieuse. Dis-moi où tu veux aller, mais ne pars pas si tôt, je t'en prie.

— Je demande à Dieu de m'éclairer, répondit la jeune fille. Je crois que je suis pour le Sacré-Cœur, Henri seul le sait. Je ne redoute que le chagrin de mon grand-père. Mais il sera moins vif, lorsque Henri lui aura donné une fille pour me remplacer, ajouta-t-elle sans oser regarder sa jeune amie.

— Ainsi, M. Henri va se marier, dit Marthe avec un accent qui ne lui était pas ordinaire.

— Il ne peut pas y penser maintenant, répondit Madeleine.

— On y pense quelquefois sans le vouloir, reprit sa jeune compagne. Tiens, Madeleine, je t'aime beaucoup. J'aurais beaucoup de chagrin si tu nous quittais, et ton grand-père serait plus heureux d'avoir deux filles qui s'aimeraient... comme nous.

— Enfant ! se dit Madeleine, tu ne sais pas ce que signifient tes paroles.

Lorsqu'elles rentrèrent au vieux logis, le docteur y arrivait. Madeleine crut le voir préoccupé ; aurait-il entendu notre causerie ? se demandait-elle.

Lorsque nous cachons quelque chose, nous croyons toujours qu'on le devine. C'est une terreur cruelle pour ceux qui ont des secrets coupables à garder.

— Grand-père, ce laurier-rose nous est suspect ? lança-t-elle comme un ballon d'essai.

— Ce n'est pas à tort, répondit-il d'un ton si naturel que les soupçons de la jeune fille se dissipèrent ; ses feuilles, continua-t-il, contiennent en telle abondance de l'acide prussique que des viandes rôties sur un feu fait de ses branches en deviennent malfaisantes.

Il croît dans les ruisseaux de la Grèce, de l'Algérie, et en corrompt les eaux.

Nos pervenches sont ses sœurs.

L'apocyn, dont le nom signifie *tue-chien,* est son frère, et la famille est dite des apocynées.

Tout ce que je vous en ferai remarquer, c'est que les divisions de la corolle sont coupées obliquement, et dans leur séparation et à leur sommet.

Pervenche

Marthe, vous les écrirez au-dessus des gentianées, je vous prie. Mais plutôt, attendez ; toutes ces petites familles m'embarrassent à placer sur nos tableaux.

Il sortit, et ne pria pas les jeunes filles de l'accompagner.

XXV

L'ÉTRANGER

Lilas et jasmin, frêne et olivier (olea) (famille des oléinées)

Où allait le vieux docteur? Il ne le savait trop ; ses pensées le conduisirent sur la route que devait suivre Henri pour le retour du manoir. Peut-être s'imaginait-il avoir des malades de ce côté.

Voilà que deux jeunes gens prenaient le chemin en sens inverse, ils furent bientôt à portée de la vue ; le grand-père se troubla, il n'avait pas pensé qu'Henri pouvait n'être pas seul.

— M. Rinci, dit son petit-fils en abordant le vieillard.

Il avait de loin nommé son grand-père au jeune homme qu'il présentait.

— L'ami de ma vieille amie, répondit le docteur en tendant la main.

— Et le frère de Mme Célina, ajouta Antoine, comme pour se donner un passe-port. Je vous présente, Monsieur, son respect avec le mien, ajouta-t-il en s'inclinant de nouveau.

— Soyez le bienvenu, Monsieur, à tous ces titres, reprit le vieillard.

Puis on parla de l'aspect du pays, de la fertilité des terres. Le jeune étranger appréciait sérieusement, et par comparaison avec d'autres campagnes. Le docteur lui trouvait du bon sens ; Henri s'exagérait la capacité que donne l'habitude d'un certain ordre d'idées pratiques ; tandis que son nouveau camarade le trouvait très supérieur par ses connaissances acquises en des sujets que lui ne connaissait aucunement. C'était de la modestie des deux côtés. Elle est rare à cet âge où on ne se juge, le plus souvent, que par le côté dans lequel on se croit au-dessus des autres.

Après qu'Antoine les eut quittés, Henri commença à en parler si élogieusement que le grand-père s'en étonna. Aurait-il deviné ? se demandait-il.

Non, certainement ; mais M. Antoine avait fait des frais, et, faut-il le dire ? l'aisance distinguée de ses manières lui avait donné un certain prestige auprès de l'étudiant incorrect.

— C'est le jour des amies de Marthe, dit le docteur, passant devant le grand portail.

— Que penserait-*elle* d'Antoine ? se demandait Henri.

Elle, ce n'était pas sa sœur.

— Mauvaises conditions pour terminer notre tableau, pas un échantillon à l'appui des paroles, dit le grand-père, en abordant les jeunes filles chez l'ami Perdriel.

Puis il reprit : Du reste, avez-vous besoin de revoir une branche de lilas pour vous souvenir de ses fleurs ?

— Corolle d'une seule pièce à quatre dents, voilà tout ce que je sais, répondit Marthe.

— Deux étamines soudées au tube de la corolle, continua Henri, en s'esquivant pour aller butiner dans le jardin.

Nous oubliions que nos jasmins sont en fleur, dit-il en rentrant, avec un bouquet parfumé. Et le remettant à la maîtresse de maison, il ajouta : Encore de la même famille que le lilas.

Elle le partagea entre ses amies, qui toutes à l'envi cherchèrent à distinguer les détails de la fleur.

Mais elle, elle posa la sienne sur sa petite table de travail, et Henri remarqua qu'elle ne l'effeuillait pas.

— Le jasmin est voisin de nos frênes aux cantharides, continua-t-il.

— C'est d'une espèce de frêne que s'écoule la manne sucrée purgative, dont vous connaissez au moins le nom, poursuivit le docteur.

— Nommons encore dans cette famille, aux divisions très

diversifiées, l'arbre qui lui donne son nom d'oléinées. C'est l'olea ou olivier, à fleurs blanches, en grappes, avec ces fruits charnus, à noyau osseux, que nous nommons des olives, et dont l'amande donne l'huile qui porte leur nom.

Olivier

— Très abondant dans le Midi, il donne au paysage, par son feuillage comme cendré, des tons qui manquent de fraîcheur, dit Henri.

Il venait d'entendre cette appréciation de l'ami Antoine.

— « Qui a beaucoup voyagé, a beaucoup retenu », cita une des jeunes filles en se raillant.

— « Qui a des amis, peut avoir un peu appris, » parodia l'étudiant.

— Ah ! votre ami est du Midi, s'informèrent des curieuses que le jeune étranger intriguait.

— Il peut y être allé sans en être natif, fut toute la réponse.

— Ici finit notre tableau, dit le docteur achevant d'écrire ; cinq petites familles un peu en dehors des deux plus importantes parmi les coroliflores.

Le docteur était fatigué ; il se retira sans attendre l'ami Perdriel qui chassait sur les coteaux, n'admirant ni les jolies bruyères roses, ni les gentianes à la corolle bleue, ouverte au soleil.

XXVI

UNE VISITE

La semaine suivante, le docteur était remis, disait-il. Henri ne revenait plus le soir, et Madeleine, cependant, trouvait le malade inquiet, anxieux ; le mal l'avait laissé agité et presque irascible ; Sylvaine ne l'avait jamais connu ainsi.

M. Rinci avait pu voir Madeleine à l'église ; elle n'avait rien de remarquable dans les détails de sa personne, et elle était charmante dans l'ensemble, dans l'attitude, dans l'expression de toute sa tenue.

Mais surtout il avait entendu parler de sa vie près de son grand-père, de sa bonté pour tous, de son ingénieuse charité. Il regrettait que l'indisposition du docteur retardât la démarche projetée près de lui.

Enfin, l'annonce du mieux survenu permit au jeune homme de faire demander, par sa vieille amie, si le vieillard voudrait bien le recevoir.

Lorsqu'il sonna au vieux portail, Madeleine se trouvait sous les tilleuls de la cour, distribuant à une jeune couvée les miettes de pain de sa corbeille accoutumée, et le frère de Marie-Ange la suivait, attaché à un pli de sa robe.

L'étranger salua en suivant Sylvaine, qui le conduisait près du docteur.

— Il est bien comme il faut, dit la vieille servante en revenant. Mademoiselle a un vieux chapeau trop antique, ajouta-t-elle, et l'enfant la fait marcher tout de travers.

— Pour mon chapeau, il est parfait, répondit la jeune fille en souriant ; pour l'enfant, je voudrais bien le quitter un peu, afin de pouvoir écrire une lettre, pendant que grand-père est occupé.

Sylvaine succéda donc à Madeleine dans le soin des poulets et du petit garçon.

Madeleine se retira dans sa chambre.

— Mon Dieu, inspirez-moi, dit-elle avec confiance ; puis elle commença à écrire :

« Bonne mère et amie,

« Aidez-moi de vos prières et de vos conseils. Depuis des
« années, toujours même, je crois, j'ai le désir de vivre de votre
« vie religieuse. Le jour où j'ai prié dernièrement dans votre
« sainte chapelle, je me suis sentie appelée avec une certitude
« qui croît au lieu de s'affaiblir. On me dit d'attendre, je l'ai
« promis à mon frère ; j'espère que mon grand-père ne soup-
« çonne pas mes pensées ? Hélas ! mon cœur sent trop le mal
« que je lui ferai, et je souffre profondément. Il est mon père
« et ma mère. Je le vénère avec tendresse.

« Et mon frère, l'ami de toute ma vie, je me figure qu'il
« s'étendrait devant ma porte comme le fils de Mme de Chantal.
« Dois-je passer sur son corps, pour quitter cette demeure où
« je les laisserai seuls ? »

Elle s'arrêta pour pleurer.

— Monsieur vous demande, vint dire Sylvaine. Je vous en prie, ne lui faites pas de chagrin avec vos yeux rouges, ajouta-t-elle.

Madeleine sourit et se mouilla les yeux avec le mouchoir qui lui était présenté. Puis elle embrassa la vieille bonne, et entra calme chez son grand-père.

Mais il avait réfléchi. S'il la prévenait pour une première entrevue, elle y serait trop mal à l'aise, trop peu à son avantage. Il vaudrait mieux ne rien dire, ou du moins ne dire qu'à Henri.

Il inventa de demander si le petit camarade des poulets était parti, puis il feuilleta l'herbier de leurs leçons, disant : — Je ne vois rien à inscrire dans les monochlamydées autour des familles que nous avons parcourues en commençant. Les arbres ne sont pas ce qui vous intéresse le plus.

— Leurs fleurs ne sont pas à notre portée. répliqua gaiement la jeune fille.

— Nous n'en herboriserons pas moins, reprit le vieillard, et chaque année vous grossirez votre herbier.

Ah ! j'y pense, il faudra faire le catalogue de ce qu'il contient.

— Le vôtre est par lettres alphabétiques en chaque famille, répondit Madeleine.

— Donne-le-moi et retourne à tes coutures, si tu veux, dit le vieillard avec bonté.

Madeleine remonta achever sa lettre. Et le soir, en allant au salut, elle la déposa dans cette boîte où passent tant de secrets, quelques joies et tant de plaintes.

XXVII

TOUT EST FINI

Un dîner ni une soirée ne furent nécessaires pour l'entrevue demandée. Nous herboriserons près de la Maison-aux-Roses, avait fait savoir le docteur. Et il proposa, en effet, la promenade à Madeleine.

Qui rencontrèrent-ils au rendez-vous ? Marthe, qui apportait au frère de Marie-Ange une ficelle rouge pour son chapelet.

Elle avait trouvé là Antoine, pour une cueillette de champignons, disait-il ; elle l'avait renseigné sur les bons endroits, et il était parti tout proche, épiant l'arrivée attendue.

Le grand-père eut d'abord un peu d'humeur en rencontrant Marthe, puis il se raisonna : autant valait peut-être que Madeleine ne fût pas seule, elle sera moins intimidée avec son amie, et elles ne devineront rien. Mais, se ravisa-t-il, s'il allait prendre Marthe pour Madeleine, ou la trouver mieux que Madeleine ?

Pauvre grand-père ! de quoi vous tourmentez-vous ?

Le jeune homme se rapprocha et fut présenté aux deux jeunes filles. Le docteur était le plus embarrassé des quatre.

Après quelques banalités, la conversation prit un tour plus facile ; nouvelles d'Henri, du manoir d'en haut, de Mme Célina, de la chasse.

Remarquant que les jeunes filles cueillaient des plantes, il chercha avec elles, et c'est à Marthe surtout qu'il les présentait. Elle en était flattée ; Madeleine ne s'en apercevait pas, et le grand-père s'inquiétait.

Au retour de la promenade, la glace était rompue, chacun était ce qu'il était. Au départ, le docteur tendit la main au jeune homme, qui s'inclina devant les deux amies.

— Que vient faire M. Rinci chez Mme du Manoir ? demanda bientôt Marthe.

— La voir, sans doute, répondit Madeleine.

— Il est très bien et cause très bien, dit encore Marthe.

— Il m'a rappelé sa sœur, répliqua Madeleine.

— Est-elle aussi distinguée que lui ? demanda Marthe.

— Elle est charmante, répondit Madeleine.

— Ah ! toi aussi tu le trouves charmant, reprit son amie.

Madeleine rougit, embarrassée ; son grand-père triomphait.

M. Rinci revint à la vieille maison. C'était pour emprunter ou rendre un livre, pour demander un renseignement de la part de Mme du Manoir ; un jour il avait trouvé une plante rare.

Madeleine n'était pas toujours là, Marthe y était quelquefois.

Vraiment toutes deux prenaient plaisir à ses visites ; il était si simplement aimable, il s'était si vite initié à leurs habitudes, il avait écouté avec émotion la mort de Marie-Ange et la guérison du petit frère. Il alla jusqu'à se faire aimer de l'enfant.

Marthe oublia Henri pendant quelques jours ; son père s'en inquiétait ; il prit le parti de tout lui dire avec l'autorisation du docteur.

Pour Madeleine, que répondra-t-elle à son grand-père ?

Un jour qu'il était plus souffrant, ne quittant pas son fauteuil, il l'appela tout près de lui, prit ses deux mains affectueusement, et lui fit les propositions de M. Rinci.

— Je pensais qu'il s'occupait plutôt de Marthe, dit la jeune fille, et j'en souffrais pour Henri.

— Non, ma fille, il venait pour toi, envoyé par Mme Célina. Et il a trouvé tout ce qu'il pouvait rêver, me répète-t-il tous les jours.

— Mme Célina ! se récria Madeleine. Elle eut comme le vertige, et elle dit : Je serai heureuse d'appartenir à son frère.

Ainsi, voilà la réponse au conseil qu'elle avait demandé, la solution de ses anxiétés, la paix entre son cœur et sa conscience. Mme Célina tranchait tout en la demandant pour son frère.

Elle embrassa le vieillard avec effusion : il se sentait heureux.

Henri revenait ce soir-là ; il porta la réponse à Antoine et le ramena souper pour la première fois, entre eux trois.

Ils se retrouvèrent le lendemain, et les projets d'avenir commencèrent tous les jours. Quelles douces teintes à l'horizon ! tout s'embellissait pour eux.

Le grand-père et Henri furent d'abord de toutes les promenades, qu'on abrégeait pour le vieillard. Puis on les réduisit au jardin, et souvent on s'asseyait de banc en banc. Antoine était de moitié dans toutes les attentions ; Madeleine en était touchée, et lui, admirait toutes les délicatesses de la jeune fille. L'intimité se fit sous ces impressions. Ils étaient dignes l'un de l'autre. Leur cœur était pur, ils s'aimèrent et se le dirent.

Cependant, Madeleine ressentait de vagues tristesses ; elle les confiait à Antoine, qui les attribua à ses inquiétudes pour l'état de son père.

Quelquefois elle s'arrêtait dans des paroles affectueuses comme si elle eût été coupable en les prononçant.

Lorsqu'elle parlait à Dieu de son fiancé, c'est là que le sentiment de son infidélité lui pénétrait le cœur. N'est-ce pas Dieu même qu'elle avait choisi comme fiancé?

Un jour elle osa dire à Antoine tout ce qu'elle souffrait. Il y goûta une sorte de bonheur, parce qu'il lui était doux de la rassurer par des paroles plus aimantes.

Mais peu à peu il s'inquiéta. Si Madeleine croyait vraiment un devoir de tout sacrifier, elle sacrifierait tout.

Les combats allèrent croissant. Pourquoi Mme Célina ne lui répondait-elle pas par une lettre?

Mme Célina avait été en retraite à Conflans, c'était le moment de prononcer ses vœux définitifs. Les supérieures n'avaient pas cru urgent qu'elle répondît à une question de vocation ; on attendit la retraite terminée.

« Chère Madeleine, ma sœur, écrivit-elle alors, est-il trop
« tard? Antoine était parti selon mon désir. Mais c'était avant
« votre lettre. Oui, je crois que notre divin Maître vous veut
« à lui. Il vous attend pour recevoir vos serments, comme il
« vient de recevoir les miens.

« Aucune fiancée de la terre ne peut être plus heureuse que
« votre amie.

« CÉLINA,

« R. D. S.-C. »

Madeleine fut atterrée, et cependant il lui semblait que cette voix n'était qu'un écho de son âme.

Elle montra la lettre à Antoine, qui s'irrita contre sa sœur.

— Ami, du courage, dit-elle ; allez la voir, partez. Oh ! si je pouvais partir avec vous ! Je vous aimerai à jamais, ajouta-t-elle en se rapprochant pour lui tendre la main.

Il s'arrêta avec un douloureux respect, n'osant l'effleurer que de son front et de ses larmes.

Le vieillard sommeillait. A son réveil il demanda Antoine.

Le soir, Henri le demanda à son tour.

Pauvre Madeleine ! il fallait répondre sans se trahir.

Sylvaine soupçonna bien une souffrance. Mais comme elle restait loin de la réalité !

M. Rinci est allé voir sa sœur, admettait chacun. C'était si naturel.

Lui, écrivait des lettres douloureuses ; Madeleine ne répondait qu'à sa sœur.

Il avait le cœur brisé ; ses pensées étaient insensées. Il souhaitait que sa fiancée devînt malade afin que la vie religieuse lui fût impossible. Il voulait la voir morte, elle serait moins perdue pour lui. Parfois, il avait besoin de partir pour lui confier ce chagrin, comme si ce n'était pas elle qui le causait !

Et Madeleine, à qui pourra-t-elle confier le sien ? Son grand-père ne guérira pas. Cette inquiétude faisait une amère diversion à la douleur de la pauvre enfant ; mais Dieu seul pourrait l'apaiser.

M. le curé venait tous les jours.

— C'est demain, dit un soir le docteur.

Le lendemain, on orna la chambre du malade comme pour une fête.

Il se leva, voulant aller au-devant du Seigneur ; mais ses forces le trahirent, il retomba sur son lit de jour.

Avant de recevoir son Dieu, il embrassa tous ceux qui l'entouraient, pour ne plus s'occuper ensuite que de Celui qu'il attendait.

— Ami, je vous laisse mon fils, dit-il au père de Marthe.

— Ma bonne Sylvaine, je vous laisse à votre fille Madeleine.

Puis, étendant les mains sur la tête de ses enfants, il fit signe à Marthe qui s'agenouilla près d'Henri.

— Et Antoine ? dit-il à Madeleine.

— O père ! que votre bénédiction soit aussi sur lui ! répondit-elle, inclinant sa tête sous les mains du vieillard.

Antoine l'entendit ; il accompagnait le prêtre qui entrait suivi d'une foule respectueuse.

Entraîné par un fol espoir, il avait voulu revenir la voir, lui parler une dernière fois. Et il n'avait appris la maladie du grand-père qu'en accompagnant le Dieu qu'on lui apportait.

Le prêtre entra, il bénit le malade et les amis assemblés ; puis il déposa le saint viatique sur le petit reposoir préparé entre des fleurs et des lumières, figure du Dieu qui est joie et clarté.

Il s'approcha du vieillard ; il lui parla doucement de la bonté de son Dieu qui venait à sa rencontre pour l'introduire au séjour du bonheur.

Il lui rappela la cour des anges et des saints qui allaient le recevoir au milieu d'eux, avec ceux qu'il avait perdus autrefois dans les larmes, et qu'il allait retrouver dans une félicité éternelle.

— Venez, mon Dieu, répondit avec foi le mourant.

Et après l'avoir reçu, il se recueillit dans une adoration pleine d'espérances.

Les amis se retirèrent silencieux ; ses enfants restèrent seuls, priant avec lui.

Le soir, le prêtre revint apportant l'huile des mourants, les amis le suivaient encore ; Antoine osa entrer avec eux, et il resta près d'Henri lorsqu'ils s'éloignèrent.

Il était temps de commencer les dernières prières. Henri les lut à haute voix, le vieillard et Madeleine y répondaient.

— Partez, âme chrétienne, acheva le jeune homme, se rapprochant de son père pour recevoir son dernier soupir.

— Père ! murmura Madeleine, baisant les mains jointes de celui qui ne l'entendait plus.

— Madeleine, il m'a béni avec vous, prononça Antoine avec une supplication.

— Il nous bénit maintenant devant Dieu, répondit-elle tout bas. Faisons notre devoir, comme il fit toujours le sien.

Et se laissant tomber à genoux, près du lit de son père, elle appuya son visage sur ses mains pour pleurer.

— Mon frère, dit Henri avec affection, que votre amour la cède généreusement à Celui qui nous la demande.

— Mon Dieu, je vous la donne ! fit Antoine dans un suprême élan.

Puis il se rapprocha de Madeleine et leurs mains s'unirent pour un adieu, devant ce lit funéraire, comme elles se fussent unies inséparablement devant l'autel, si Dieu l'eût permis.

Antoine se releva seul ; il rentra seul dans la vie.

Tout était vide autour de lui. Rien ne lui était plus rien.

Sa sœur le rappela au sentiment du devoir. Henri le ramena aux pauvres de Madeleine. Il les soigna d'abord pour elle, puis pour eux, et bientôt pour Dieu.

Souvent revenu au manoir d'en haut, il resta le frère d'Henri et devint celui de Marthe.

Madeleine était heureuse, au milieu des enfants que lui confièrent ses amies.

Elle n'oubliait personne, et personne ne l'oubliait.

Les lettres parlaient souvent des heures fugitives du passé, mais plus souvent encore des heures éternelles, qui seront sans séparation, dans un amour sans limites.

FIN

ERRATA

Page 177, lin (famille des liliacées), lisez *linées*.

— 202, rus ou sumac, lisez *rhus*.

— 206, ligne 31, œnathore, lisez *œnothère*.

TABLE DES MATIÈRES

PREMIÈRE PARTIE

DEUXIÈME PARTIE

Guéret, imp. G. POUAN, 13, rue Ferraguë

9 782016 148785